ROUTIER

DES

COTES SEPTENTRIONALES D'ESPAGNE

DEPUIS BAYONNE

JUSQU'A LA FRONTIÈRE DE PORTUGAL,

TRADUIT SUR LA DERNIÈRE ÉDITION (1849) DU DERROTERO ESPAGNOL

DE TOFIÑO DE SAN MIGUEL,

et augmenté de tous les renseignements officiels sur ces côtes parus jusqu'à ce jour,

PAR

L. ANDRÉ,

Chevalier de la Légion-d'Honneur.

BAYONNE,

André, Libraire-Éditeur,
Rue Bourg-Neuf,
n° 22.

PARIS,

Robiquet, Libraire-Hydrographe,
rue Pavée-Saint-André-des-
Arts, n° 2.

1858.

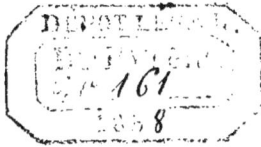

ROUTIER

DES

COTES SEPTENTRIONALES D'ESPAGNE

DEPUIS BAYONNE

JUSQU'A LA FRONTIÈRE DE PORTUGAL,

TRADUIT SUR LA DERNIÈRE ÉDITION (1849) DU DERROTERO ESPAGNOL

DE TOFIÑO DE SAN MIGUEL,

et augmenté de tous les renseignements officiels sur ces côtes parus jusqu'à ce jour,

PAR

L. ANDRÉ,

Chevalier de la Légion-d'Honneur.

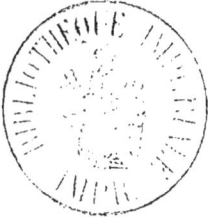

BAYONNE,	PARIS,
André, Libraire-Éditeur,	**Robiquet**, Libraire-Hydrographe,
Rue Bourg-Neuf,	rue Pavée-Saint-André-des-
n° 22.	Arts, °u 2.

1858.

(C.)

DERNIERS RENSEIGNEMENTS PARVENUS APRÈS L'IMPRESSION.

————

Phare du cap Busto. (Voir page 100.) — A partir du 1er Avril 1858, un phare est établi à l'extrêmité du cap Busto. Il est situé par 43° 36′ 10″ latitude N. et 8° 49′ 11″ longitude O. (Paris.)

C'est un feu fixe blanc, varié par des éclats rouges de 2′ en 2′. Il est produit par un appareil dioptrique de 3e classe. Il est élevé à 93 mètres au-dessus du niveau de la mer et visible par un temps clair, à une distance de 12 milles.

(*Ministère de la Marine. — Avis aux navigateurs du* 15 *mai* 1858.)

————

Baie de Arosa. (Voir page 159 et suivantes.) — Le bateau à vapeur *Test*, en sortant le 12 février de Villagarcia, a touché sur un banc inconnu jusqu'à ce jour. Ce banc gît par le travers de la pointe extrême O. de l'île Arosa, à 3 encâblures au S. 36° E. Il est situé dans les relèvements suivants : L'extrêmité N. de l'île Arosa au N. 79° E. ; l'extrêmité O. de la même île au S. 36° E. à 3 encâblures ; la pointe extérieure de l'île Pedregosa au S. 33° O.

Ce banc est de forme circulaire, il a 17 mètres de diamètre, et l'on trouve dessus 4 mètres 20 centimètres de marée basse, et 3 mètres 30 centimètres seulement dans les grandes marées. Il est accore tout autour et la sonde donne 6, 7 et 8 mètres de fond. Dans l'étroit canal, entre le banc et la pointe O. de Arosa, on a trouvé 7 et 8 brasses de fond qui diminue jusqu'à 5 mètres lorsqu'on est à 1 encâblure de la pointe.

(*Ministère de la Marine. — Avis aux navigateurs du* 1er *mai* 1858.)

————

Barre de Portugalette. (Voir page 55 : modification à la note insérée au bas de cette page.) — D'après les derniers renseignements, la barre de Portugalette est revenue à son état normal ; néanmoins, et vu les variations si fréquentes de cette barre, il est indispensable de prendre un pilote pour la franchir.

(*Note de l'éditeur.*)

Bien que la limite entre l'Espagne et la France se trouve à la rivière la Bidassoa, qui a sur sa rive occidentale la place de Fontarabie appartenant à l'Espagne, et sur sa rive orientale le village de Hendaye dépendant de la France, il est indispensable de commencer la description de cette côte par la rivière l'Adour, la barre de Bayonne, l'anse de Socoa et la rivière de Saint-Jean-de-Luz, qui se trouvent au fond du golfe de Gascogne, afin que les navires qui cherchent les ports de Saint-Sébastien ou du Passage et ne peuvent les atteindre, connaissent les ressources qui leur resteront pour éviter leur perte.

INSTRUCTION

Pour chercher et franchir la Barre de Bayonne.

———◁H▷———

La Barre de Bayonne est variable tant dans sa direction que dans le brassiage de son fond; ces variations sont causées par le plus ou moins de durée, force et direction des vents qui ont régné, ou bien par une crue de la rivière.

Les capitaines des navires qui se rendent à Bayonne doivent calculer soigneusement l'heure de la pleine mer pour se présenter en temps opportun à l'entrée de l'Adour. Leur calcul sera basé sur l'établissement 3 heures 30 minutes de la barre qui a été déduit par observation de celui du Boucau.

Lorsque la mer est belle, la barre permettra l'entrée, pendant les jours de zyzigie ou vive-eau, aux navires qui calent 14 pieds, et pendant les jours de morte eau ou quadrature, à ceux qui calent 11 pieds; bien entendu que, dans les deux cas, il faut donner dessus au moment précis de la pleine mer. Néanmoins, on a cru devoir diviser les bâtiments en deux catégories, l'une des tirants d'eau au-dessous de 9 pieds, et l'autre de ceux au-dessus, à chacune desquelles on a affecté une couleur ou pavillon, comme on le verra plus loin à l'article *Signaux*.

Motifs pour refuser l'entrée.

Ce n'est pas toujours le manque de profondeur d'eau à la barre qui détermine le pilote-major à faire aux navires des signaux indiquant que l'entrée de la rivière est impraticable ou tout au moins périlleuse ; c'est, dans quelques circonstances, l'état de la mer sur cette barre, ou la trop grande vitesse et la durée du courant de jusant qui lui font prendre cette détermination.

La mer est quelquefois belle au large, tandis qu'elle est fortement agitée sur la barre et dans des circonstances telles qu'il serait impossible à un navire de gouverner dans les brisants qu'elle forme, même quand le vent serait favorable pour entrer.

Il est des occasions dans lesquelles les pilotes peuvent se tromper dans l'appréciation qu'ils sont appelés à faire de l'état de la barre ; mais, quoi qu'il en soit, à moins de quelque puissant motif qui empêche le navire de se maintenir en mer, on serait inexcusable si on tentait l'entrée de la rivière quand l'expérience des pilotes les a décidés à faire les signaux de ne pas entrer, et quand bien même on se tirerait heureusement de cette tentative, le succès ne suffirait pas pour la justifier.

Les capitaines doivent en outre être toujours pénétrés que le dernier signal à telle ou telle catégorie de navires ayant pour objet la défense de l'entrée de la barre, n'est jamais fait qu'après une délibération réfléchie entre les pilotes et le pilote-major.

Les monts Pyrénées, et en particulier le pic de La Rhune, visible à 15 ou 18 lieues en mer, servent de reconnaissance aux navigateurs qui vont chercher la barre de Bayonne et la baie de Saint-Jean-de-Luz. La Tour située à l'entrée de la rivière l'Adour, à la tête du môle du S., peut être distinguée seulement à 7 ou 8 milles, et c'est de cette Tour que les pilotes font les signaux pour la gouverne des navires ; et de plus, ils sortent dans leurs chaloupes quand l'état de la barre le permet. Le pic de La Rhune est situé au S. 20° O. du milieu de l'embouchure de l'Adour, à distance de 14 milles.

Il y a un excellent fanal pour se maintenir de nuit à proximité de la côte ; il est situé sur la pointe de Saint-Martin au N. de Biarrits, relevant l'église du village au N. 5° O, et à 2 milles 1/2 au S. 33° O. de l'embouchure de l'Adour. Il est de premier ordre et tournant. Ses éclipses ou éclats se succèdent de 30″ en 30″. Le phare étant élevé à 73ᵐ au-dessus de la mer, ses éclipses sont vues à 22 milles par un beau temps ; elles ne paraissent totales qu'à une distance au delà de 10 milles.

Lat. 43° 29′ 38″ N.

Long. 3° 33′ 28″ O.

Avertissement pour l'arrivée à la barre de Bayonne.

Quand on ira prendre connaissance de la barre de Bayonne, il faudra avoir la plus grande attention de se maintenir au N. de cette barre toutes les fois que les vents auront régné pendant plusieurs jours du N.-N.-O. jusqu'à l'E., et on devra au contraire s'en tenir au S. s'ils ont soufflé depuis le S. jusqu'à l'O.-N.-O.

L'expérience a démontré que, dans le premier cas, les courants portent au S.-O. et qu'ils ont entraîné sur les côtes d'Espagne des navires qui venaient chercher Bayonne sans prendre cette précaution.

Dans le second cas (vents du S. à l'O.-N.-O.), les courants portant au N.-E., les navires s'exposent à tomber au N. de la barre où, ne trouvant pas d'abri et ne pouvant s'éloigner de terre par un gros temps, ils sont obligés de faire côte entre Bayonne et le Vieux-Boucau.

Avec des vents de N.-O. et de N.-N.-O. on peut, en approchant de la côte, se diriger franchement sur l'embouchure de la rivière ; et pour cet effet le fanal de

Biarrits leur servira de guide; mais, dans tous les cas, il faudra toujours se souvenir de la situation de ce feu à une petite lieue dans le S.-O. de la barre.

Navires arrivant en longeant la côte d'Espagne.

Les navires qui iront à Bayonne avec des vents d'O.-S.-O. à O.-N.-O. et se trouveront près de la côte d'Espagne et à trop grande distance pour pouvoir entrer dans la rivière le même jour, devront louvoyer avec force de voiles pour se maintenir contre les courants qui filent jusqu'à 4 et 5 nœuds au N.-E. et éviter de s'engolfer si les vents on soufflé pendant quelques jours du S. à l'O.-N.-O.

Si l'on est assuré que les courants portent au N.-E., on peut courir sans risques la bordée du N. ou du large pendant deux heures, et pendant trois heures celle du S. ou de terre; cet avertissement est important pour ne pas s'éloigner de la côte. On fera également des efforts pour conserver sous le vent un port de relâche, et l'aborder le jour suivant si le vent augmente. La pratique des navigateurs les plus expérimentés a confirmé l'importance de ce mode de manœuvrer.

Signaux que l'on fait à l'embouchure de l'Adour.

Les signaux que l'on fait à l'embouchure de l'Adour servent à *appeler* ou à *repousser* les navires.

Les signaux d'*appel* se divisent en deux parties: *signaux d'approche* et *signaux d'entrée*, qu'il est très-nécessaire de ne pas confondre. Ils se font sur deux points différents, mais avec le même système de pavillons.

Le signal d'*approche* appelle les navires devant la barre.

Le signal d'*entrée* appelle les navires sur la barre et les fait gouverner pour la franchir.

Points où se font les signaux.

Les signaux d'approche se font à la côte, sur une dune

au S. de l'embouchure, au moyen d'un Mât de 33 mètres de hauteur au-dessus du niveau de la pleine mer.

Les signaux d'entrée se font sur une Tour blanche de 17 mètres de hauteur, située à l'extrémité du môle S., à environ 5 ou 6 encâblures de la barre. Le Mât pour les signaux d'approche est à environ 1 encâblure 1/2 de la dite Tour.

Les navires qui se rendent à Bayonne doivent arriver à une distance convenable qui leur permètte de distinguer le Mât sur lequel se font les signaux d'approche, afin de pouvoir se guider d'après eux, ou gagner le large, comme on le dira plus loin.

Pavillons en usage et leur signification.

1° Le pavillon Suédois (bleu à croix jaune) signifie que les navires qui calent au-dessous de 9 pieds peuvent s'approcher.

2° Le pavillon Damier, à carreaux rouges et blancs, indique que les navires qui calent 9 pieds et au-dessus, peuvent s'approcher.

3° Le pavillon Hollandais (tricolore horizontal) indique que les navires de toutes calaisons peuvent s'approcher.

Les navires se trouvent ainsi divisés en deux catégories, à chacune desquelles est assigné un pavillon particulier. Quand on veut communiquer avec les deux catégories à la fois, c'est au moyen du pavillon Hollandais, qui est affecté à toutes les calaisons, grandes ou petites.

APPEL. — Navires qui s'approchent.

La catégorie de navires à laquelle on fait le signal de s'approcher, doit donner toute la voile possible dans le but de profiter de la marée pour entrer. Rendus à un quart de lieue de la barre, les navires observeront si le signal qui est affecté à leur catégorie se fait aussi à la Tour, et, alors, ils obéiront successivement aux indications faites par le pavillon de la dite Tour, ainsi qu'on le verra à l'article spécial *franchir la barre.*

REPOUSSEMENT. — Navires qui doivent se maintenir dehors.

Si après avoir fait le signal pour que tous les navires s'approchent de la barre, le pilote-major, par suite d'un changement de temps, jugeait nécessaire de faire le signal de les repousser tous, il hissera et amènera trois fois le pavillon Hollandais à la Tour, après l'avoir amené au Mât d'approche. Dans ce cas, il n'y a plus aucun signal sur les deux points.

Quand le pilote-major interdira l'entrée à une classe de navires seulement, il hissera et amènera trois fois à la Tour le pavillon désigné pour cette classe, et il remplacera au Mât d'approche le pavillon Hollandais par celui de la classe de navires qu'il voudra maintenir devant la barre.

Signal pour ne pas s'approcher trop près de la côte.

Si les navires qu'on appelle à la barre se rapprochent trop de la côte, et que le moment convenable pour entrer dans la rivière ne soit pas encore venu, on amènera le signal qu'on leur avait fait; mais comme on ne leur fait pas à la Tour le signal de se maintenir dehors, il n'y a pas refus d'entrée. Les navires qui se trouvent dans ce cas attendront l'heure propice, et devront se maintenir un peu plus au large sous une petite voilure, jusqu'à ce qu'on les appelle.

Exemples de l'emploi des pavillons dans différents cas.

1° Le pilote-major juge que dans le cours de la marée il ne pourra faire entrer que de petits bâtiments.

Dans ce cas on hissera le pavillon Suédois sur le Mât de la plage; les petits navires doivent alors faire force de voiles pour arriver devant la barre, où ils attendront que le même pavillon hissé à la Tour les dirige pour l'entrée.

2° Le pilote-major juge que l'état de la mer ne permettra de faire entrer que de forts bâtiments.

Dans ce cas on hissera le pavillon Damier sur le Mât de la plage; les grands navires, seulement, s'approcheront de la barre et le même pavillon hissé à la Tour les dirigera pour l'entrée de la rivière.

3° Les navires des deux classes peuvent entrer à Bayonne (ce qui est le cas le plus général).

Le pavillon Hollandais au mât d'approche (de la plage) appelle tous les navires devant la barre. Le pilote-major commence par faire entrer les petits à demi-marée, et pour cela il hisse le pavillon Suédois à la Tour. Quand il y a assez d'eau à la barre pour les grands, on amène le pavillon Suédois et, à sa place, on hisse le pavillon Hollandais qui convient également aux navires des deux catégories.

4° Ayant appelé, au moyen du pavillon Hollandais, tous les navires sans distinction, le pilote-major peut, néanmoins, juger nécessaire de repousser tous les grands navires et de n'admettre que les petits.

Dans ce cas le pavillon Hollandais, qui est au Mât de la plage, est amené et remplacé par le pavillon Suédois, en même temps le pavillon Damier est hissé et amené trois fois à la Tour afin d'avertir définitivement les grands navires de se retirer au large.

Les petits navires seuls devront rester et attendre jusqu'à ce que le pavillon Suédois soit hissé à la Tour; lequel pavillon, ainsi que cela a déjà été dit, indique qu'ils doivent se diriger pour passer la barre.

5° *Cas où le pavillon Hollandais ayant appelé tous les navires, la mer vient à grossir à tel point que l'on croit nécessaire d'interdire l'entrée aux petits navires et de n'admettre que les grands.*

On hissera dans cas le pavillon Damier sur le Mât d'approche à la place du pavillon Hollandais qui y était déjà, et, en même temps, à la Tour, on hissera et amènera trois fois le pavillon Suédois pour avertir les petits navires de se retirer définitivement en mer.

Les grands navires seuls devront rester et attendre avec une grande attention que le pavillon Damier soit hissé à la Tour pour les diriger sur la barre.

Passage de la barre, précautions à observer.

Dès qu'on hissera à la Tour l'un des trois pavillons, les navires qu'il appelle se dirigeront sur la barre en donnant le plus de voiles possible. Ils auront une attention spéciale de laisser, entr'eux, des distances suffisantes pour qu'aucun ne soit engagé dans les brisants de la barre avant que le précédent ne les ait franchis et ait dépassé la Tour, de manière à se passer de signal et à mouiller au besoin.

Salut du pavillon pour éviter des méprises.

Aussitôt que le premier navire sera arrivé en dedans des brisants, on amènera à mi-mât le pavillon de la Tour et on le rehissera immédiatement. Ce mouvement ou salut indiquera que les signaux qui suivront s'adressent au second navire, soit à celui qui viendrait immédiatement derrière le premier. Aussitôt que ce second navire aura dépassé les dangers de la barre, le pavillon de la Tour sera amené et hissé de nouveau, de la même manière, pour indiquer au troisième navire que c'est à lui que les signaux s'adressent, et ainsi de suite. On recommande aux capitaines la plus grande attention à ce signal d'indication pour ne pas tomber dans des méprises funestes.

Manœuvre du pavillon de la Tour pour guider chaque navire.

Toutes les fois que le pavillon de la Tour sera incliné vers le N. ou vers le S., le navire qui manœuvrera pour entrer devra mettre le cap ou plus au N. ou plus au S. qu'auparavant et continuera ainsi tant que le pavillon restera incliné. Quand le pavillon sera redressé, le navire continuera sa route à l'aire de vent où il aura le cap en cet instant, et il suivra cette direction jusqu'à ce qu'un nouveau signal du même pavillon vienne l'en faire changer.

Exemples.

1º *Un navire se trouve dans le N.-O. de la barre gouvernant au S.-E. pour entrer.*

Si le pavillon de la Tour s'incline vers le S., le navire devra successivement mettre le cap au S., au S.-S.-O. et même au S.-O. ; en un mot, il doit venir de plus en plus sur tribord tant que le pavillon restera incliné au S. Dès que le pavillon sera redressé, le bâtiment gouvernera à l'aire de vent où il avait le cap à l'instant du redressement du pavillon : c'est-à-dire, que s'il a le cap au S.-S.-O. il s'y maintiendra jusqu'à ce que le pavillon de la Tour s'incline de nouveau.

2º *Un navire se trouve au S.-O. et gouverne au N.-E. pour entrer.*

Si le pavillon de la Tour s'incline vers le N., le navire gouvernera pour venir sur bâbord tant que le pavillon restera incliné au N., et il conservera ensuite le cap qu'il aura au moment du redressement du pavillon. D'autres signaux, à la Tour, lui indiqueront après, s'il est besoin, les nouvelles directions à suivre.

Le pavillon de la Tour amené pour éviter des méprises.

Si deux navires venant, l'un du N. et l'autre du S., se présentent en même temps pour franchir la barre, comme les signaux qu'on doit faire à chacun sont précisément en sens contraire, on ne fera aucun signal afin d'éviter toute interprétation funeste. Le pavillon de la Tour sera donc amené. Les deux navires doivent serrer le vent. On leur fera les signaux opportuns quand ils se trouveront à l'ouverture du port, ou du moins placés de manière à ne plus craindre la moindre confusion.

Manière de demander et de signaler le tirant d'eau.

Quand on aura besoin de connaître la calaison du navire qui s'approche de la barre, soit qu'il se présente seul, soit qu'il se trouve en tête d'autres navires, on hisse et l'on amène une seule fois le pavillon de la Tour. Si le navire cale 9 pieds ou au-dessous, il répondra en hissant et amenant une fois son pavillon; s'il cale 10 pieds, il hissera et amènera deux fois; si c'est 11 pieds, trois fois, et ainsi de suite.

On retarde ou on interdit l'entrée d'un navire qui se dirige sur la barre.

Soit par suite de la réponse à ces questions, soit pour tout autre motif, si le pilote-major croit nécessaire de différer l'entrée du navire qui se dirige sur la barre, il fera hisser et amener deux fois le pavillon de la Tour; et, s'il croit nécessaire de refuser définitivement l'entrée, il le fera hisser et amener trois fois.

Aucun changement n'ayant été fait au Mât d'approche, ce refus ne concerne que le navire qui est le plus près de la barre, car on a vu qu'il fallait changer ou supprimer le pavillon d'approche pour que le signal de repoussement fait à la Tour puisse s'appliquer à une catégorie entière.

[Avis pour éviter les coups de mer en approchant de la barre.

Le bourrelet de la barre étant lié avec les pointes de l'embouchure de la rivière et faisant une saillie très-prononcée au large, les navires doivent soigneusement éviter de ranger la côte dans le voisinage de la barre. On doit toujours venir chercher l'ouvert de la rivière sans s'approcher des lames tant qu'il y a risque de les prendre en travers.

Avis pour le cas où la marée montante n'est pas très-sensible.

La rivière de Bayonne est sujette à des soubermes ou crues d'eau considérables qui refoulent la marée montante et l'empêchent de se faire sentir à l'entrée. Dans ces circonstances, le courant porte toujours en dehors, comme on peut le reconnaître par l'eau de la rivière que l'on distingue à une lieue et même plus en mer. On ne doit pas s'exposer alors à entrer dans la rivière, parce que ce courant, qui porte en dehors, augmenterait la difficulté de franchir la barre. Néanmoins, si le vent est violent et que l'entrée ne soit pas interdite par les signaux du Mât d'approche, on pourra s'y risquer, mais il faut faire le plus de voile possible pour fuir les coups de mer de la barre qui sont alors très-dangereux. En pareille circonstance, il est nécessaire d'être prêt pour entrer au moins une heure et demie avant la pleine mer.

Avis aux navires qui entrent avec un gros temps et vent arrière.

En général, quand on se trouve serré par un gros temps et que la mer est forte à la côte, il est de rigueur de franchir la barre avec toute la voile que le navire peut porter. Si l'on entre vent arrière on conservera les focs hauts et bordés à plat contre les étais. Cette précaution est indispensable, parce que si la lame force le navire à venir sur l'un ou l'autre bord, il est nécessaire, dans un canal aussi étroit, d'avoir les focs pour l'aider sur-le-champ à se remettre en route.

Avis aux chasse-marées.

Les chasse-marées doivent toujours avoir un hunier prêt à être hissé quand le signal les appelle à la barre, afin d'acquérir plus de vitesse et de mieux franchir le bourrelet. Ils doivent au contraire se débarrasser à temps du tape-cul et du taille-vent, voiles qui souvent ont compromis ces navires sur la barre. Ils devront aussi frapper un faux bras sur la misaine, pour l'empêcher de battre le mât et de déventer dans le creux des lames.

Avis de se munir d'une instruction et d'une longue-vue.

Les capitaines qui fréquentent le port de Bayonne, ou qui sont dans le cas d'y relâcher, devront toujours être munis de la présente instruction. Une longue-vue leur sera aussi indispensable pour reconnaître les signaux détaillés ci-dessus. En outre des dangers qu'il y aurait à ne pas connaître ces signaux, ils doivent songer encore que les rapports de pilotage ne peuvent manquer de désigner ceux d'entr'eux qui, à défaut de cette connaissance, manœuvreraient de manière à compromettre leur bâtiment.

Bateau à vapeur de remorque.

Un bateau à vapeur, servant de remorqueur aux bâtiments, est constamment mouillé en rade du Boucau et à la disposition du commerce. Les capitaines des bâtiments en rivière qui voudront s'en servir iront à bord le demander au capitaine. Ceux qui seront dehors de la barre le demanderont en hissant le pavillon national à la tête du grand mât, mais comme les sloops ont l'habitude de mettre leur pavillon dans cette partie, et qu'il pourrait en résulter des méprises pour eux, quand ils

voudront le remorqueur, ils mettront le guidon d'arron-
dissement supérieur à leur pavillon en tête de leur mât.
Quant aux sloops étrangers (qui n'ont pas de guidon d'ar-
rondissement), ils mettront un pavillon quelconque,
supérieur à leur pavillon national; et, pour éviter toute
erreur, tout bâtiment qui aura demandé le remorqueur
devra amener son pavillon dès que le signal du Mât d'approche lui aura répondu.

Une boule noire hissée au Mât d'approche avec ou sans
pavillon (le pavillon conserve toujours sa signification),
indique que le bateau à vapeur chauffe pour aller remorquer les bâtiments qui l'ont demandé. Il lui faut une
heure quinze minutes avant de pouvoir se mettre en
mouvement.

Deux boules noires indiquent qu'il n'est pas possible
d'envoyer le bateau à vapeur, soit parce qu'il est en ré-
paration, soit parce que les capitaines l'ayant demandé
trop tard, il n'y a plus assez d'eau sur la barre, ou parce
qu'elle est tellement grosse qu'il est impossible de s'exposer à la franchir à l'aide du bateau à vapeur.

Trois boules noires hissées au Mât d'approche indiquent aux bâtiments qui sont dehors qu'on leur propose
le bateau à vapeur, avec lequel seulement ils pourront
entrer en rivière. S'ils l'acceptent, ils hissent leur
pavillon au grand mât comme pour le demander.

Lorsque les bâtiments auront répondu de la manière
précitée aux signaux qui leur sont faits, les boules seront immédiatement amenées.

Mouillages au N. de Bayonne (1).

Au N. de la baie de Bayonne il n'existe pas de mouil-

(1) Ces divers mouillages sont très-douteux. Aucun des capitaines fréquentant aujourd'hui le port de Bayonne ne veut les
reconnaître. *(Note de l'éditeur.)*

lage pour les navires pendant le mauvais temps, ni même dans la fosse de Cap-Breton. Cependant la plage de cette fosse offre un recours pour sauver les équipages, et on doit faire en sorte d'y échouer; malheureusement, pour y parvenir dans une telle circonstance, il est absolument nécessaire de se mettre à l'ouvert de cette fosse, à environ six milles du point indiqué par deux bouées, vers lesquelles on doit gouverner quand on est entré dans cet ouvert.

Avec le beau temps on peut mouiller au N. de Bayonne, sous le fort du bourg de Cap-Breton, en se mettant à l'E.-S.-E. de ce fort et à une distance de deux encâblures par 34 brasses de fond vaseux. Ce mouillage est très-périlleux quand les vents sont du large.

Mouillage au large de la barre (1).

Dans les mauvais temps, il y aurait moins de péril en restant à l'ancre hors de la barre, qu'en cherchant, soit à gagner la fosse de Cap-Breton en longeant la côte, soit à s'élever en mer. Le mouillage est à environ une demi-lieue (N.-O. de l'aiguille aimantée) de l'entrée de la rivière par 12 ou 15 brasses; c'est la meilleure position pour entrer au premier moment opportun, et où le jusant est le plus favorable pour se mettre sous voile dans le cas où le vent permettrait au navire de laisser la côte et de gagner le large.

Mouillage au S. de Bayonne (1).

Au S. de la barre de Bayonne, la côte offre des mouillages par le beau temps; le principal est celui appelé de la Grève; on mouille à un quart de lieue de terre, ayant le village de Biarrits au S. 73° E., par 14 ou 15 brasses, fond de sable fin et vaseux.

---

(1) Voir la note page 19.

On parlera plus loin des mouillages au S. de Bayonne auxquels on devrait recourir par les mauvais temps.

Bayonne est une belle ville située à 7 kilomètres de la barre. C'était anciennement un port franc et très-commerçant. Il y avait un arsenal pour la construction des corvettes, gabares et autres petits bâtiments de guerre, et pour l'approvisionnement de matériaux, tels que bois de mâture tirés des monts Pyrénées, des brais, goudrons, résines, planches et autres munitions navales et vivres, qui descendent de l'intérieur dans la ville par les deux rivières navigables l'Adour et la Nive, qui la traversent et qui y opèrent leur jonction.

Dans le but d'améliorer ce port et de le rendre capable de recevoir les plus grands navires, le gouvernement français a entrepris des travaux considérables, mais jusqu'à présent les difficultés de l'entrée, provenant de l'amoncellement des sables, subsistent toujours.

Bidart. — Biarrits.

A 7 milles et demi au S. 41° O. de l'embouchure de la rivière de Bayonne se trouvent la commune et la petite rivière de Bidart. Entre ces deux points on voit le village de Biarrits.

Pointe et village du Socoa.

A 7 milles au S. 37° 30′ O. de Bidart, on trouve la pointe et le village du Socoa. Cette pointe forme l'extrémité O. de la baie de ce nom. L'extrémité E., sur laquelle on voit une batterie, est de moyenne hauteur et escarpée ; on la nomme Sainte-Barbe. Entre cette pointe et Bidart, la côte sur le bord de la mer est basse, rocheuse, avec quelques petites plages. Dans l'intérieur, les terres sont élevées.

Baie de Saint-Jean-de-Luz.

La pointe Sainte-Barbe à l'E. et celle de Socoa à l'O., forment l'entrée de la baie de Saint-Jean-de-Luz.

Cette baie a 6 encâblures de profondeur et à peu près autant d'ouverture entre les deux pointes Socoa et Sainte-Barbe. Vers le milieu de cette ligne d'ouverture est le banc de roches l'Arta, sur lequel la mer brise souvent quoiqu'il y reste 4 brasses d'eau de basse mer. Ce banc se trouve dans l'alignement du clocher de Saint-Jean-de-Luz avec la montagne Esnau, et de la tour du fort de Socoa avec la première maison qui se trouve près d'elle. Le passage se trouve entre ce banc et le fort du Socoa, au tiers de la largeur de la baie à partir du Socoa. Il faut du reste éviter autant que possible de se présenter à l'entrée avant moitié flot, bien que les chaloupes de pilotes puissent sortir au quart flot et même tout à fait de basse mer dans les petites marées.

L'heure de la pleine mer est la même que sur la barre de Bayonne.

Rivière de Saint-Jean-de-Luz.

Au milieu et au fond de la baie se trouve la rivière de Saint-Jean-de-Luz. C'est une rivière tellement petite, qu'entre les deux môles construits sur les bords de son embouchure on ne trouve pas plus de 15 brasses de large et 4 pieds de fond pendant la basse mer. Cette rivière se dirige d'abord vers le S. et se divise bientôt en deux bras sur les rives desquels on voit les deux communes de Saint-Jean-de-Luz et de Ciboure qui communiquent entr'elles par un pont en bois. Le fond de cette rivière est petit et de mauvaise qualité. Ordinairement les coups de vent ferment le passage et en rendent l'entrée impraticable jusqu'à ce qu'une crue ou une marée extraordinaire vienne l'ouvrir de nouveau.

Port de Socoa.

Sur la pointe du Socoa on remarque une tour ronde au pied de laquelle on trouve des fortifications. De cet endroit part une jetée d'une encâblure d'étendue, se dirigeant au S.-E. A faible distance de celle-ci on a construit un second môle qui se dirige vers l'O. et qui se prolonge jusqu'à la plage. Ces deux jetées forment ainsi le petit port du Socoa qui, pendant la basse mer, reste presqu'entièrement à sec, et à l'entrée duquel on ne trouve qu'une demi-brasse d'eau.

Dans les marées de quadrature ou mortes eaux, il ne reste qu'un pied et demi d'eau dans le hàvre de Socoa : si la mer est belle alors, un bâtiment tirant 8 pieds et demi pourra entrer au plein de l'eau, et s'il y a grosse mer et forte brise de l'O. au N.-O., on y logera des calaisons de 9 pieds et demi.

Dans les marées de syzygie ou vives eaux, le port assèche jusqu'en dehors de la jetée du N. : avec belle mer, il pourra entrer un bâtiment calant 11 pieds et demi ; et il en entrera de 12 pieds et demi si la mer est forte et les vents violents entre l'O. et le N.-O.

Fanal de Socoa.

Sur la partie la plus saillante de la pointe de Socoa il y a un nouveau fanal à feu fixe, établi le 15 mars 1845 sur une petite tour construite au S. 53° 50' O. de l'ancienne et à 43 mètres de distance.

Ce feu est élevé à 30 mètres au-dessus du niveau de la pleine mer ; il peut s'apercevoir par un beau temps à la distance de 10 à 12 milles. On ne doit pas aller à ce mouillage sans pilote.

Latitude 43° 23' 43" N.

Longitude 4° 1' 30" O. (3ʰ 28ᵐ).

Entrée du port de Socoa.

Cette entrée est difficile avec les vents dépendant du N.-O. En effet, un petit banc de roches qui, partant de la pointe du Socoa, se dirige vers l'Est, contraint les navires à s'éloigner de cette pointe et à mouiller à plus d'une

encâblure de l'entrée. Ils sont là entièrement à découvert de la mer, et obligés d'attendre dans cette position
le secours des embarcations du pays : ces embarcations
sont d'ailleurs munies d'un grelin dont elles laissent un
bout sur la jetée où se trouve un cabestan, et portent
l'autre bout à bord du navire. On vire ensuite de terre,
et on entre ainsi le bâtiment dans le port. Cette opération emploie beaucoup de monde et rend l'entrée fort
coûteuse, sans compter le danger que l'on court en restant dehors pour attendre le moment favorable.

Signaux pour faire éloigner les navires ou pour les diriger vers le mouillage, adoptés depuis 1824.

Un feu allumé sur la montagne, dans l'O. du fort Socoa,
signifie : Ordre aux navires en vue de chercher à gagner
le large, l'entrée du port n'étant pas praticable.

Un pavillon rouge arboré sur la même montagne, est
l'ordre aux capitaines des bâtiments en vue de ne pas
chercher à attaquer la rade avant qu'il y ait pour le
moins moitié flot.

Dès que le pavillon rouge est amené et qu'on aperçoit
à la même place un pavillon tricolore, c'est l'ordre aux
bâtiments de se diriger vers la terre en ayant le plus
grand soin de bien observer les mouvements d'inclinaison dudit pavillon. Cela étant, le navire devra porter son
cap du côté où s'incline le pavillon, tant que celui-ci
conservera sa position inclinée, et dès que le pavillon se
redressera, il gardera le cap qu'il aura à cet instant.

Lorsque le pavillon de la montagne disparaîtra, il
faudra avoir l'œil dirigé sur le bout de la jetée du N., où
se trouvera placé un pavillon également tricolore, aux
mouvements duquel on obéira comme on a fait à ceux
du précédent. Ce dernier pavillon conduira les navires
au mouillage, que l'on effectuera (aussitôt que le pavillon sera amené et pas avant) avec deux ancres et une
grande touée : on jettera primitivement son ancre du

N. ou de tribord; sitôt cette ancre mouillée, on devra se diriger au S.-O. pour mouiller celle de babord, et le navire se trouvera ainsi affourché.

Ces pavillons de signaux sont employés assez rarement; le plus ordinairement des embarcations vont à la rencontre du bâtiment, et un pilote monte à bord pour diriger les opérations du mouillage. Toutefois, dans le cas où, par suite de grosse mer ou de toute autre cause, les embarcations ne pourraient pas sortir, voici quelles sont les remarques pour laisser tomber les ancres.

Remarques pour mouiller l'ancre du N.

RELÈVEMENTS DU COMPAS.

L'église de Saint-Jean-de-Luz, S.-E. 1/2 S.
La chapelle de Bordagain, S.-S.-O. 1/2 S.
Le cabestan du quai N. du Socoa, N.-O. 1/2 O.

Remarques pour mouiller l'ancre du S.-O.

L'église de Saint-Jean-de-Luz, S.-E. 2° E.
La chapelle de Bordagain, S.-S.-O. 1/2 S.
Le cabestan du quai N. du Socoa, N.-N.-O. 1/2 O.

Projet d'un port à Saint-Jean-de-Luz.

Toutes ces difficultés, et aussi l'importance qui s'attacherait à avoir un bon port dans des parages aussi périlleux que le fond du golfe de Gascogne, où l'absence d'un abri se fait si souvent sentir par de nombreux naufrages, ont déterminé le gouvernement français à s'occuper de créer dans la baie de Saint-Jean-de-Luz une rade sûre et accessible à toute espèce de bâtiments, même à des vaisseaux de ligne.

A cet effet, de grands travaux avaient été commencés en 1783 et continués jusqu'en 1788. Il s'agissait de construire une jetée en prolongement de la pointe Socoa et une autre sur le côté N. de la baie en prolongement de la pointe Sainte-Barbe. Interrompus pendant les troubles de la Révolution, ces travaux viennent d'être repris dans ces derniers temps (1) sur de nouveaux plans ; et sous la haute impulsion du gouvernement impérial, ils seront promptement menés à bonne fin ; alors les navigateurs qui fréquentent le port de Bayonne seront assurés de trouver un refuge si le mauvais temps les empêche de se présenter devant la barre de cette ville.

Reconnaissance.

La reconnaissance de ce port sera fournie par la montagne de La Rhuné et par La Batallera. La première est située à 5 milles au S. 33° 30′ E. de la pointe de Socoa et l'autre, à 5 milles $\frac{1}{2}$ au S. 26° 45′ O. de la même pointe.

Montagne de La Rhune.

En allant de l'E. à l'O., la montagne de La Rhune est la première que l'on rencontre à 5 lieues de la côte : elle est haute, pointue et porte à son sommet un ermitage par où passe la ligne qui divise la France et l'Espagne. Quand cette montagne est relevée du S.-E. au S. son aspect change, et au lieu de paraître pointue, elle fait l'effet d'un coteau qui, partant de la chapelle, s'étend vers le S.-E. et qui se prolonge davantage quand on relève cette montagne du S. à l'O. Derrière La Rhune on voit bien avant dans les terres une chaîne de montagnes.

La Batallera ou la Montagne Couronnée.

La Batallera est aussi une grosse et haute montagne ; vue de Bayonne et St-Jean-de-Luz, elle se présente avec plusieurs petits pics à son sommet qui forment comme une couronne d'où lui vient son nom. Si on la relève du S. à l'E. son aspect change, et au lieu d'une couronne on ne voit plus que trois pics irréguliers.

---

(1) Note de l'éditeur. — 1858.

Montagne Jaysquivel.

La montagne Jaysquivel servira aussi de reconnaissance pour le port de St-Jean-de-Luz. C'est la première terre élevée que l'on voit sur le bord de la mer ; elle s'étend depuis le cap du Figuier jusqu'au port du Passage. Les Basques l'appellent *Espalda del monte* (Epaule de la Montagne), parce qu'elle termine la chaîne des Pyrénées du côté de la mer.

Montagne Esnau.

On entend par le nom d'Esnau la montagne qu'on relève avec l'église de St-Jean-de-Luz pour éviter le banc de roches l'Arta. Les Basques l'appellent *Mendiviririlla*, c'est-à-dire montagne ronde, par l'aspect qu'elle présente. Cette montagne est à la queue de La Rhune et la première ronde qui se voit au N.-E. de celle-ci, à la distance de 6 à 7 milles au S. de St-Jean-de-Luz. Dans cet intervalle il n'y a pas de sommets dominant l'Esnau, et c'est seulement à une distance beaucoup plus forte vers le S., qu'on trouve des montagnes d'une élévation supérieure. Pour éviter les brisants de l'Arta en entrant dans la baie de St-Jean-de-Luz, les pilotes de ce port relèvent la montagne Esnau par le milieu de deux petites tours ou cheminées saillantes qui sont à l'O. de l'église de St-Jean-de-Luz. En suivant cet alignement, aussitôt que le navire a dépassé les brisants de l'Arta, les pilotes ont l'habitude de faire route un peu plus au S. pour venir jeter l'ancre au mouillage indiqué sur le plan, à une petite encâblure de l'extrémité de la jetée S. de Socoa.

On attend dans cette position la chaloupe qui vient de terre apporter le grelin pour haler le navire dans le port de Socoa.

Tout navire entrant dans la baie de St-Jean-de-Luz doit avoir soin de ne pas mouiller à l'E. du point indiqué par le plan, mais plutôt un peu à l'O., dans cette partie les ancres tenant davantage.

Ce mouillage est un de ceux que nous avons indiqués au S. de Bayonne; mais comme il arrive que son entrée est impraticable, par la grosse mer qui brise sur les bancs de St-Jean-de-Luz, le point le plus rapproché qui puisse dans ce cas offrir un abri est la baie de Fontarabie.

Cap du Figuier.

Au S. 85° O. et à environ 3 milles de la tour de Socoa, se trouve le cap du Figuier, qui est de hauteur moyenne. Au N.-E. du cap, et très-rapproché de la côte, est un îlot nommé Amuck, entouré de rochers. Le canal entre cet îlot et la terre est si étroit qu'il ne peut donner passage qu'à des chaloupes. Le cap et l'îlot forment la pointe occidentale de la baie de Fontarabie; la pointe orientale est appelée de Arretas ou de Ste-Anne. Ces deux pointes sont à un peu plus de 1 mille E. et O. l'une de l'autre. A l'O. et à très-faible distance de la pointe Arretas on voit deux îlots ronds, semblables à deux grosses tours. Au N. et au N.-O. de la même pointe on trouve d'autres îlots plus petits. A partir de ces derniers îlots commence une série de rochers qui se dirige au N.-N.-O. sur une étendue d'un demi-mille. Pendant la basse mer quelques-unes de ces roches paraissent au-dessus de l'eau, mais elles sont toutes couvertes à la pleine mer.

Depuis le cap du Figuier la côte est haute et court vers le S. pendant 1 mille jusqu'à l'embouchure de la Bidassoa. L'entrée de cette rivière est presque entièrement fermée par un banc de sable qu'on nomme la Barre. De son embouchure, la Bidassoa se dirige au S. en faisant plusieurs détours; on y trouve si peu de fond dans tout son parcours que, par la basse mer, il y reste à peine un pied d'eau.

La Bidassoa est la limite des royaumes de France et d'Espagne. Sur sa rive occidentale on trouve la ville espagnole de Fontarabie et sur la rive orientale Hendaye, petite ville française. A 2 milles 1/2 en remontant la rivière, on trouve la ville espagnole d'Irun sur la côte occidentale, qui communique par un petit pont avec le village français nommé Béhobie. De chaque côté de ce pont se trouvent les derniers postes des douaniers des deux nations. Par ce pont passe la route directe de Paris à Madrid. Un peu au-dessous du pont de Béhobie est l'île des Faisans, devenue célèbre par les conférences qu'y ont tenues les souverains des deux nations.

Baie de Fontarabie.
———
Fanal du Figuier.

La pointe de Arretas ou de Santa Anna à l'E. et le cap du Figuier à l'O. forment la baie de Fontarabie. A 3 milles au S. du cap du Figuier se trouve le château du même nom.

Près du château du Figuier, un peu en dehors et sur une tour ronde, on a établi un feu fixe qui se trouve élevé de 87^m au-dessus du niveau de la mer. Il est visible à 8 ou 10 milles.

Lat. 43° 23' 25" N. ; long. 4° 7' 50" O.

Tous les navires, de quelque calaison qu'ils soient, peuvent mouiller dans la baie de Fontarabie par 6 ou 8 brasses fond de sable, au S.-E. du cap du Figuier, en face du château. Ils y seront bien abrités pour les vents du S.-S.-O. à l'O.-N.-O. ; mais s'ils tournent au N., ils restent exposés aux plus grands dangers. Les petits navires peuvent se rapprocher davantage du château, à sa partie S. où se tiennent amarrés les bateaux pêcheurs de Saint-Jean-de-Luz, en attendant que le temps leur permette de retourner à leur port.

On ne voit guère à Fontarabie que des barques de pêcheurs et quelques caboteurs basques; mais par les vents de S.-O., tous les navires qui n'auraient pu entrer à Bayonne ni même à Socoa, pourront être sûrs d'y trouver un refuge tant que les vents ne passeront pas au N.-N.-O., N., ou N.-E.

Quand on ira prendre ce mouillage, on ne devra pas serrer de trop près le cap du Figuier, ni une autre pointe qui existe entre le cap et le château, à cause d'un petit banc qui part de chacun de ces points et qui s'étend à une encâblure dans l'E.

Les montagnes La Rhune, La Batallera et le mont Jaysquivel fourniront la reconnaissance de ce mouillage. Le mont Jaysquivel est la première montagne qu'on aperçoit sur le bord de la mer quand on va de l'E. à l'O.; elle commence au cap du Figuier et se prolonge toujours à la même hauteur, jusqu'au port du Passage.

Pointe Turulla.

Au S. 72° O., à 3 ou 4 milles, se trouve la pointe de Turulla. C'est une pointe peu saillante en mer et située au pied du mont Jaysquivel. Entre ces deux points la côte est toute de roches et bordée par des îlots qui s'en sont détachés. On ne rencontre qu'une seule petite baie avec une plage dans le fond.

Depuis la pointe Turulla, la côte continue haute et escarpée en forme d'éboulement, et se dirige au S. 50° O. pendant 3 milles jusqu'à l'entrée du port du Passage.

Port du Passage.

(Voir le plan.)

L'entrée du port du Passage est par 40° 20′ 10″ latitude N. et par 4° 16′ 7″ long. O. (Paris). Elle est formée par des terres hautes et escarpées. Des deux extrémités de ces terres, entre lesquelles est compris le goulet, partent deux pointes basses de roches qui, se dirigeant en sens opposé, rétrécissent encore l'entrée du port. La pointe orientale s'appelle Arando Grande, et l'occidentale Arando Chico. Ces deux pointes sont les extrémités de deux rochers d'inégale grandeur et sont éloignées de 92 brasses l'une de l'autre. C'est la largeur totale de l'entrée du port. La pointe Arando Chico reste au S. 83° 30′ O. de celle de l'E. ou Arando Grande.

Ces deux pointes sont très-nettes et très-visibles, la pleine mer n'en couvre qu'une très-petite partie, et à une longueur de chaloupe on trouve 7 brasses de fond.

Depuis le milieu des dites pointes le port se dirige au S. 45° E. jusqu'à une distance d'un quart de mille où se trouve la pointe de Cruces. Les côtes de cette partie du port sont dangereuses; celle de l'E. est semée de roches visibles et d'autres sous l'eau, qui s'éloignent quelquefois jusqu'à 15 brasses du rivage; celle de l'O. est plus saine jusqu'à mi-distance, mais de là à la pointe de Cruces, elle est entourée d'un banc de roches dont quelques-unes se découvrent à basse mer. Sur ce banc il y a 1, 2 et 3 brasses d'eau. La partie la plus en dehors de ce danger est située au N. 26° O. de la pointe de Cruces et en est éloignée de 67 brasses.

Pointe de Cruces.

La pointe de Cruces est formée par une montagne haute, aplatie, fortement inclinée, et au pied de laquelle se trouve un petit plateau sur lequel il est facile de débarquer. Du pied de cette montagne s'avance dans la mer une petite pointe d'environ 6 brasses, qui est visible à basse mer, mais qui se couvre entièrement quand la marée est pleine. Le nom de Cruces donné à cette montagne lui vient d'une croix de fer qu'on remarque au quart de sa hauteur.

A partir de la pointe de Cruces, le port se dirige au S. 13° E. pendant environ un dixième de mille jusqu'au château de Santa Isabel (à l'E. du port), situé au pied d'une montagne. Ce château, dont une partie est baignée par la mer, est le premier édifice que l'on découvre en entrant dans le port. Depuis ce château le port se dirige au S. 31° E. pendant 2 dixièmes de mille jusqu'à la tour de Saint-Sébastien. Cette tour, située sur la côte occidentale du port, est ronde, haute et bâtie dans la mer ; elle se joint à une petite batterie construite sur le rivage. Là se termine le goulet qui forme le port du Passage, dont la largeur est de 50 à 70 brasses, sans tenir compte de quelques petites criques que l'on aperçoit sur l'une ou l'autre côte.

Mouillage.

L'espace compris entre le château de Santa Isabel et la tour Saint-Sébastien est le seul mouillage pour les navires qui calent plus de 10 pieds. On voit bien au delà de cette tour, en allant vers le S.-E. et vers l'O., un vaste espace, mais il ne s'y trouve pas de fond, et en basse mer cet emplacement assèche presque partout.

D'après les gens du pays, cet endroit était, dans le siècle dernier, capable de recevoir de grands navires et même des vaisseaux de ligne. Les terres que les grandes pluies ont entraînées des montagnes environnantes ont ainsi comblé ce port.

Ville du Passage.

La ville du Passage est bâtie sur les deux rives du port. Sur la partie O. il existe un chantier de construction appartenant à l'Etat, et sur la partie E. il y en a un autre de la Compagnie des Philippines.

Ermitage de Santa-Anna.

Au S. 37° E. et à deux milles de distance du château Santa Isabel, on voit, sur une hauteur, l'Ermitage de Santa Anna. C'est le second édifice qui se présente à la vue en entrant dans le port. Il sert de remarque pour se garder de quelques écueils.

Bas-fond à l'entrée du Passage.

Au N. 21° O. et à 79 brasses de distance de la pointe Arando Chico, et à 66 brasses de la côte, il existe un bas-fond appelé *la Bancha Grande*, ou de l'O. C'est une tête de roche submergée et sur laquelle on ne trouve que 2 brasses 1/2 d'eau, et tout autour de laquelle on trouve 5 à 6 brasses. De tous côtés et à peu de distance il y a 8 à 10 brasses d'eau.

Relèvements.

On sera sur la Bancha Grande quand l'Ermitage de Santa Anna sera caché par la pointe de Cruces, c'est-à-dire par le point où se trouve la croix de fer, et quand le pilon de la Bancha (1) sera vu par l'extrémité O. de la Plata (2).

Bancha de l'Est.

A 100 brasses au N. 47° E. de la pointe Arando Grande, et à 50 brasses de terre, se trouve l'extrémité occidentale d'une batture de roches s'étendant le long de la côte. Ce banc, sur lequel on ne trouve qu'une brasse d'eau, a 41 brasses d'étendue. Entre ce danger et la terre le fond varie de 4 à 7 brasses. Au N. à une très-faible distance du banc on trouve 10 à 12 brasses de fond. Pour éviter ce danger qu'on nomme Bancha de l'E., il suffit de se tenir au moins à 2/3 d'encâblure de la côte E., en dehors du port. Par une grosse mer, la Bancha de l'E. et celle de l'O. brisent.

Entrée du port du Passage.

Pour entrer dans le port du Passage, il faut, avant d'arriver à 2 ou 3 encâblures du goulet, relever l'Ermi-

---

(1) Le Pilon est un rocher que l'on voit dans l'intérieur à 2 encâblures du rivage, il est situé au N.-E. d'un autre rocher qui ressemble à une tour ruinée.

(2) La Plata est un escarpement très-lisse qu'on voit sur la face N. de la montagne de la pointe Arando Chico.

tage de Santa Anna et le mur d'appui qui est au pied de cet Ermitage, par la croix de fer qui est au quart de la hauteur de la pointe de Cruces; ou bien mettre l'extrémité de cette pointe par l'angle saillant de la partie O. du château de Santa Isabel. En suivant l'un ou l'autre de ces relèvements, on passera au milieu du canal que forment les deux pointes Arando Grande et Arando Chico. On continuera cette route jusqu'au moment où on sera à mi-distance entre la pointe Arando Chico et celle de Cruces; on gouvernera alors plus à l'E. afin d'éviter le banc de roches situé à peu près dans le N.-N.-O. de cette pointe, jusqu'à ce que l'on découvre la tour de Saint-Sébastien, entre le château de Santa Isabel et la pointe de Cruces. On se dirigera alors sur cette tour et on passera ainsi par le plus grand fond. On ne déviera de cette route qu'au moment où l'on sera à la hauteur de la pointe de Cruces; on viendra alors un peu plus vers le S. jusqu'à ce qu'on ait le château de Santa Isabel par le travers. On pourra mouiller par 3 brasses 1/2 ou 4 brasses de fond. On devra avoir soin de prendre le câble de l'ancre (qui peut n'être qu'une ancre à jet) par l'arrière, parce qu'il n'y a pas assez de place pour permettre au navire d'éviter. Aussitôt l'ancre au fond, il faut envoyer des amarres à terre sur l'une et l'autre côte, où des pierres taillées se trouvent disposées à cet effet. Quand la mer sera pleine et étale, on fera éviter le navire qu'on amarrera ensuite à quatre, N.-E., S.-O, N.-O. et S.-E. Toutes ces amarres doivent être solides, surtout dans la mauvaise saison, à cause du ressac que l'on ressent fortement dans le port, et aussi à cause des rafales qui descendent des gorges des montagnes et se précipitent avec force dans le port.

Avertissements.

Avec un grand navire, pour entrer dans le port du Pas-

sage, il faut le concours de trois conditions : 1° la marée
montante ; 2° avoir des vents de l'O.-N.-O. à l'E.-N.-E. en
passant par le N.; et 3° que la mer ne soit pas trop grosse.

Marée.

On doit attendre la marée montante, parce qu'on trouve
ordinairement peu de brise entre la pointe de Cruces et
le château de Santa Isabel, et alors le flot montant et le
sillage du navire font franchir plus vite ce mauvais passage. Pour être prêt à tout événement, il sera prudent
d'avoir à l'avant et à l'arrière du navire des embarcations du pays ou des canots qui puissent prendre une
remorque et faire conserver au navire l'action de son
gouvernail. Le flot est encore nécessaire, parce que si
l'on touche sur un sommet on ne sera pas longtemps à
être déséchoué, et cette opération se fera avec plus de
facilité.

Vents.

Il est nécessaire que le vent souffle d'un des points qui
ont été indiqués, parce que de tout autre côté il y aurait
toujours un moment où on serait vent debout dans l'un
des nombreux détours que fait le canal, et le peu de largeur de ce canal ne permet pas d'essayer de virer de
bord. Si la brise est très-faible, on pourra mouiller à
l'entrée du port et se haler en dedans en se touant ou en
se faisant remorquer par des embarcations. Il est évi-
dent, dans ce cas, que la direction de la brise est insignifiante et qu'on entre au Passage de quelque point
qu'elle vienne.

Vents d'Ouest.

De tous les vents pour entrer au Passage, le plus à
craindre est le vent d'O. Depuis l'entrée jusqu'à la pointe
de Cruces, ce vent hale un peu le N.-O. et paraît permettre l'entrée ; mais à partir de la pointe de Cruces
jusque dans le fond du port, ce vent tourne au S.-O. par

rafales, de sorte qu'il est de toute impossibilité de continuer sa route. On ne peut pas non plus sortir, ni même mouiller, parce qu'on se trouve à l'endroit le plus resserré du canal, et dans un pareil cas le navire court les plus grands dangers. Aussi convient-il de ne pas essayer d'entrer dans ce port quand les vents soufflent violents de l'O.

État de la mer.

Il y a danger à entrer avec une forte mer, parce que dans ce cas il existe dans le canal un bouillonnement qui peut empêcher le navire de gouverner, et un navire ne gouvernant plus, se perdrait infailliblement en peu d'instants.

Le port du Passage a cet avantage commun à tous les ports de cette côte, c'est que les habitants sont très-diligents à sortir avec leurs chaloupes pour se rendre à bord des navires qui se présentent pour entrer dans le port. Leur zèle, tant au Passage qu'à Saint-Sébastien, est encore excité par une prime de *12 reaux* (environ 3 fr.) que reçoit chaque homme de l'embarcation qui arrive la première à bord du navire. Les autres embarcations peuvent être employées ou non au gré du capitaine, et chaque homme de celle qu'il emploie reçoit alors une prime de *9 reaux* (environ 2 fr. 25 c). Ces embarcations et leurs équipages sont très-propres au service auquel ils sont affectés : prendre des remorques, amarrer des câbles, élonger des ancres à jet, etc., etc.

Temps brumeux.

Par des temps de brume, les vigies ne peuvent apercevoir les navires qui cherchent à entrer. Il suffira, dans ce cas, pour faire sortir les chaloupes de pilotes, de tirer quelques coups de canon, espacés de 10 minutes en 10 minutes, afin que, se guidant sur le son, ils puissent se diriger vers le navire. C'est seulement par un coup de vent violent ou par une tempête que ces embarcations ne peuvent sortir; alors elles se postent à l'entrée du port afin d'être prêtes à donner au navire qui vient tous les secours possibles pour le mettre en sûreté.

La sonde pourra en temps de brume indiquer approximativement la distance à laquelle on est de terre. On trouve à 5 lieues de la côte de 100 à 120 brasses, et à 1 lieue de 25 à 30, quelquefois fond de roche, d'autres fois fond de sable.

Heures de la pleine mer.

A l'époque de la syzigie la pleine mer est à 3 heures de l'après-midi et la mer monte de 4 mètres. Pendant les marées de mortes eaux elle ne s'élève que de 2 mètres 66 centimètres à 3 mètres 33 centimètres, et à l'époque des équinoxes et des solstices, de 5 mètres.

Tous les chiffres de sonde marqués sur le plan du Passage indiquent la profondeur de l'eau pendant la basse mer d'une grande marée. Cette remarque s'applique également aux plans de tous les ports de cette côte.

Vents régnants.

En hiver, les vents qui règnent le plus fréquemment sur cette côte sont ceux dépendant du N.-O. et du S.-O. Ces vents sont presque constants et ordinairement pluvieux. Pendant la belle saison, on rencontre de longues séries de vents d'E. et de N.-E. ; le temps est alors clair et serein. La direction du courant suit ordinairement celle du vent.

Variation de l'aiguille aimantée.

Les observations faites en 1841 ont constaté que la variation de l'aiguille aimantée était de 21° N.-O.

L'établissement du port est à 3 heures 15 minutes. L'élévation de la marée est de 12 à 13 pieds dans les vives eaux et de 8 à 10 dans les mortes eaux.

3

Reconnaissance du port du Passage.

La reconnaissance du Passage est difficile si on arrive en suivant la côte, parce qu'il n'y a sur cette côte, qu'on vienne de l'E. ou de l'O., ni hâvre ni baie qui puisse servir de point de remarque. Si l'on vient de l'E., ce sera la montagne Jaysquivel qui fera reconnaître ce port, puisque l'entrée du Passage est située du côté du penchant occidental de cette montagne. Si au contraire on vient de l'O., le phare de Saint-Sébastien et le château de la Mota, situés sur deux hauteurs, indiqueront de loin l'entrée du Passage. En venant du large, le phare et le château dont on vient de parler fourniront encore deux bons points de reconnaissance ; car à une lieue dans l'E. de ceux-ci, on verra l'entrée même du port, qui se présente sous la forme d'un V.

Il y a maintenant un phare établi sur le cap la Plata (côté O. de l'entrée, en arrière de la pointe Arando Chico).

C'est un feu fixe élevé de 45^m,60 et visible à 14 milles.

Pointe de l'Atalaya.

Au N. 84° O. de l'entrée du Passage, et à 1 mille 1/2 de distance, on trouve la pointe Atalaya, qui est haute et escarpée. A 2 encâblures au N. 68° 45′ O. de cette pointe il y existe un bas-fond sur lequel la lame brise quand il y a un peu de mer. Dans un cas pressé on peut chercher un passage entre ce banc et la pointe.

Pointe de Monpas.

Au S. 60° O., et à 1 mille 1/2 de la pointe Atalaya, se trouve l'extrêmité N. du mont Orgullo. A peu de distance de cette même pointe et dans la même direction, on voit la pointe de Monpas qui est haute et escarpée. Entre cette dernière pointe et le mont Orgullo, la côte forme une petite baie qu'on nomme Surriola , au fond de laquelle on voit une plage de sable et une petite rivière appelée Uruméa.

VILLE DE SAINT-SÉBASTIEN.

(*Voir le plan.*)

Le mont Orgullo (mont Orgueil) est de hauteur moyenne; à son sommet est bâti le château de la Mota, situé par 43° 19′ 30″ de latitude N. et 4° 19′ 37″ longitude O. (Paris). Au pied du mont Orgullo, et du côté qui fait face à la terre, s'étend la ville de Saint-Sébastien. C'est une ville fortifiée et un port de commerce; elle est capitale de la province de Guipuzcoa.

Port de Saint-Sébastien.

Le mont Orgullo à l'E. et le mont Igueldo à $\frac{6}{10}$ de mille à l'O.-S.-O. de celui-ci, laissent entr'eux une ouverture au fond de laquelle est la baie de Saint-Sébastien. Entre les deux et à peu près au milieu, se trouve l'île de Sainte-Claire. Cette île est située à un 1/2 mille au S. 65° 4′ O. du château de la Mota; vers le milieu, un peu à l'E., il y avait une chapelle dédiée à Sainte-Claire et qui a fait place aujourd'hui à un parapet en maçonnerie pour recevoir de l'artillerie. L'île Sainte-Claire a $\frac{2}{10}$ de mille d'étendue du N.-E. au S.-O.; elle est de hauteur moyenne, mais beaucoup plus basse que les deux montagnes que nous venons de citer.

Entre l'île Sainte-Claire et le mont Igueldo (à l'O.) plusieurs bancs de roches en ferment l'entrée et en permettent à peine le passage aux bateaux; mais entre cette île et le mont Orgueil (à l'E.), on trouve un bon passage, sain, avec un fond de 9 à 10 brasses, excepté aux approches des deux terres, où le fond diminue jusqu'à 2 brasses. La baie de Saint-Sébastien a un 1/2 mille de profondeur dans la direction du S.-S.-E. et se termine par une vaste plage.

Mouillage.

Le mouillage pour les grands navires est à une petite

encâblure au S.-E. de l'île Sainte-Claire. Il ne peut con-
tenir qu'un seul bâtiment ou tout au plus deux, encore
est-on obligé de s'amarrer à quatre, N.-E., S.-O., N.-O.
et S.-E., à cause du peu de fond qui ne permettrait pas
d'éviter. Cinq corps-morts ont été disposés à ce mouillage pour faciliter l'amarrage des grands navires. Quand
les navires seront sur leurs propres amarres, il est indispensable qu'elles soient solides, celles du N.-O. et N.-E.
pour résister au vent et à la mer venant du dehors, et
celles du S.-E. et S.-O. pour résister au ressac que ren-
voie le rivage. On peut doubler les câbles amarrés sur
l'île, mais il est nécessaire de les fourrer jusqu'à 30 brasses afin d'éviter qu'ils soient ragués par les roches qui
sont aux alentours de l'île. Partout ailleurs le fond est
sain ; la tenue y est excellente.

Les petits navires mouillent ordinairement au S. de
l'île Sainte-Claire par 2 brasses 1/2 ou 3 brasses de fond.
Ils y sont beaucoup plus abrités qu'au mouillage des
grands bâtiments.

Pour mettre les navires de commerce plus en sûreté,
on a construit quatre môles. Deux d'une encâblure de longueur partent de la ville et courent à l'O. presque paral-
lèlement l'un à l'autre. Les deux autres partent du pied
du mont Orgullo et se dirigent à l'E.-S.-E. abritant ainsi
l'embouchure que forment les deux premiers. On peut
faire entrer dans ces môles, pendant la pleine mer, des
navires de 250 à 300 tonneaux, mais en basse mer ils
restent complétement à sec et sur un fond très-dur.

Avec un coup de vent de N.-O. l'entrée de ces môles
est excessivement périlleuse, parce qu'on est obligé de
mouiller en dehors du môle extérieur, où on se trouve
complétement à découvert ; on est forcé d'attendre là,
qu'à l'heure de la pleine mer les embarcations du pays
apportent le bout de grelin pour se haler en dedans des
môles. Cette manœuvre est toujours très-dangereuse,

malgré le zèle et l'activité déployés par la direction du port, qui possède sur les môles des magasins abondamment pourvus de câbles, grelins, guinderesses, cabestans, poulies, etc., etc., pour établir des apparaux. Les précautions de l'autorité maritime prouvent suffisamment les difficultés que présente une pareille entreprise.

Phare de Saint-Sébastien.

Depuis 1856 le phare de Saint-Sébastien a été établi définitivement au sommet du mont Igueldo (côté O. de la baie). C'est un feu à éclats qui se succèdent de 2′ en 2′. Son élévation est de 130 mètres au-dessus du niveau de la mer et sa portée de 15 milles. (III^h 26^m.)

Lat. 43° 19′ 30″ N.; long 4° 20′ 24″ O. (Paris). Un petit feu fixe est encore installé sur la côte à gauche en entrant.

La Bancha.

Au N. 17° 30′ O. et au N. 37° 3′ O. du parapet déjà cité, établi sur le sommet de l'île Sainte-Claire, et à 2 milles de distance, sont les deux extrêmités du plus petit fond de la Bancha, sur lesquelles on trouve 3 brasses et 3 brasses 1/2 d'eau. La Bancha est un banc de roches parallèle à l'île Ste-Claire et d'une étendue presque égale; son fond varie de 3 brasses à 6 brasses 1/2; tout autour il y a de 7 à 11 brasses de fond. Quand la mer est grosse, la lame brise sur toute l'étendue de ce banc.

Remarques pour éviter la Bancha en entrant à Saint-Sébastien.

Pour éviter ce danger, en entrant à Saint-Sébastien il faudra gouverner dans l'alignement des ruines de l'église San Bartholomé (au fond de la baie, à gauche, sur un coteau près du rivage) par la montagne Ordaburo (1),

---

(1) La montagne Ordaburo est très-reconnaissable par deux pics que l'on voit sur le sommet. Celui de l'E. est plus bas que l'autre, et tous deux sont inclinés de l'O. à l'E. Cette montagne est située au S. 38° 15′ E. des ruines de San Bartholomé et à 6 milles 1/2 dans l'intérieur des terres.

jusqu'à ce que le village de Guetaria soit caché par l'extrémité N. du mont Igueldo. On sera alors en dedans de la Bancha et en position de prendre le mouillage le plus convenable eu égard au tirant d'eau du navire.

Il existe une autre remarque pour éviter la Bancha, c'est de ne jamais mettre le môle extérieur par la chute O. du mont Orgullo, tant que le village de Guetaria ne sera pas caché par le mont Igueldo.

Reconnaissance pour entrer à Saint-Sébastien.

Le château de la Mota et le phare du mont Igueldo sont de bons points de reconnaissance pour entrer dans ce port. Pendant le jour et par un temps clair, ces deux points se voient de 20 à 25 milles. Une vigie est établie sur le mont Orgullo pour avertir de l'approche des navires. Les chaloupes sortent alors pour aller offrir un pilote au navire qui arrive. Ici comme au Passage on est dans l'obligation de prendre un pilote et une chaloupe pour l'entrée, et de les payer d'après le tarif établi. Quand un gros temps empêche les chaloupes de sortir en dehors des pointes, elles se portent à l'abri de la pointe N.-E. de l'île Sainte-Claire, pour de là prêter leur aide au navire qui entre. Il est rare qu'une chaloupe ne puisse pas sortir jusqu'au parage indiqué.

L'établissement du port est à 3 heures, l'élévation des eaux est de 4 mètres environ dans les marées vives et de 2 mètres environ dans les marées de mortes eaux. Quand les vents règnent violents de l'O. au N., ces chiffres s'augmentent d'un quart.

Les courants sur cette côte se dirigent de l'E. à l'O. avec plus ou moins de rapidité, selon que les vents régnants sont N.-O. ou N.-E. Leur rapidité est plus grande quand ils sont à l'E., parce que les vents de N.-O. sont d'ordinaire plus forts et de plus de durée que ceux du N.-E., et de plus par la crue des rivières à cause des temps pluvieux qui règnent par ces vents.

Avertissements.

Si quelque navire se rendant au Passage se trouvait pris par un vent d'O. violent (avec lequel, comme on l'a dit, l'entrée du Passage est si difficile), le meilleur parti serait de mouiller à Saint-Sébastien où l'entrée est plus franche, et là attendre un vent plus favorable ou tout au moins un temps plus calme.

Depuis le mont Igueldo, la côte suit haute et escarpée au S. 70° O. pendant 5 milles 1/2 jusqu'à l'embouchure de la rivière Orrio. Dans ce parcours on rencontre deux pointes peu avancées en mer auprès desquelles on voit quelques petits rochers ; ce sont les pointes de la Galera et de Tierra Blanca, à cause, pour cette dernière, de la blancheur des terres qui la forment ; elle est située au pied d'une montagne en forme de piton et nommée, de là, Monte Agudo. Cette montagne pourra servir de point de reconnaissance pour cette partie de la côte lorsque les autres points se trouveront cachés.

Rivière Orrio.

L'embouchure de la rivière Orrio a environ une encâblure de largeur, elle est tournée au N.-O. et formée par des terres élevées. Elle se dirige ensuite au S.-E. en faisant un grand nombre de détours. L'entrée en est obstruée par une barre sur laquelle il n'y a qu'un pied d'eau de basse mer. La largeur de l'embouchure ne dépasse guère la longueur d'une chaloupe, parce qu'à sa partie orientale commence un banc de sable et roche qui va presque rejoindre la rive opposée. Par cette raison, cette rivière n'est fréquentée que par des pêcheurs et des caboteurs qui pour entrer sont obligés d'attendre la marée montante. Pour entrer dans cette rivière, il faut serrer de très-près la pointe occidentale, et, passant dans un canal très-étroit, gouverner à l'E.-S.-E. pendant une encâblure et demie. De ce point on suivra le milieu de la rivière jusqu'au moment où l'on aura atteint le village Orrio situé à un mille de l'embouchure.

On trouve dans le village Orrio une fabrique d'ancres et quelques chantiers de construction pour les navires du commerce.

Pointe Mairruari.

Depuis Orrio, la côte court haute et escarpée au N.-O. 70° O. jusqu'à la pointe Mairruari, qui en est éloignée de 1 mille 1/2. Au pied de cette pointe on voit un îlot du même nom, peu élevé et entouré de bas-fonds.

Plage et village de Sarrauz.

A partir de Mairruari, la côte commence à s'abaisser vers la mer, et à peu de distance commence une plage de sable d'une grande étendue qui se dirige au S. 85° O., à un grand mille de distance et à l'extrêmité de laquelle est le village de Sarrauz. A ce village, la côte devient haute et escarpée; on y rencontre une pointe nommée Itegui.

Guetaria. — Mouillage pour les grands navires.

Au S. 89° O. et à 8 milles 1/2 du mont Igueldo, se trouve l'extrêmité N. de l'île de San Antonio de Guetaria, au sommet de laquelle on voit une chapelle. Cette île est haute et communique à la terre par une jetée qui forme un abri où les bateaux peuvent se réfugier et qui de basse mer assèche entièrement. Cette jetée aboutit à la ville de Guetaria, bâtie sur la côte ferme en face de l'île dont elle a pris le nom. A l'E. de la jetée il y a un bon mouillage pour les grands navires par 7 à 10 brasses d'eau, fond de sable. Ils sont en cet endroit abrités de tous les vents, depuis le S. jusqu'au N.-N.-O. en passant par l'O., mais ils restent exposés à tous les autres.

Si on allait au Passage et que les vents soient à l'O. grand frais, il serait plus prudent de relâcher à Guetaria que de continuer sa route. Ce mouillage est facile à prendre et fort bon avec les vents de cette partie. La seule crainte que l'on pourrait avoir serait d'être surpris par le vent de N. qui, quoique régnant rarement sur cette côte, y souffle parfois avec une violence extraordinaire.

Dans ce cas, comme on se trouve presque dénué de ressources, chacun manœuvrera comme il le jugera convenable pour assurer le salut de son navire.

Reconnaissance de Guetaria.

Quand on sera près de terre, l'île de Guetaria fera aisément reconnaître ce mouillage; mais à une certaine distance cette île se confond avec les terres qui sont derrière elle; c'est alors la plaine qui forme la plage de Sarauz qui servira de reconnaissance.

Rivière de Sumaya.

A 1 mille 1/2 au S. 82° O. de l'île San Antonio de Guetaria, on rencontre l'embouchure de la rivière de Sumaya. Cette rivière se dirige au S. O., pendant 1/4 de mille, jusqu'au village du même nom et remonte ensuite vers le S. et le S.-S.-E. avec 2 et 3 brasses de fond. Une barre se, qu'on trouve à l'entrée de cette rivière, laisse un petit passage où on ne trouve qu'une brasse d'eau et dont la largeur n'excède pas la longueur d'une chaloupe. Aussi les pêcheurs et les caboteurs qui vont chercher le fer travaillé dans les forges de l'intérieur du pays, sont-ils les seuls à fréquenter la rivière de Sumaya.

Sur la pointe O. de cette rivière on voit une petite maison de signaux: cette pointe est grosse, haute et escarpée. Au pied de cette pointe on trouve des roches qui s'étendent à une encâblure au large.

Rivière Deba. — Pointe de Piedra Blanca.

Au S. 88° O., à 5 milles de la pointe de Sumaya, on trouve la pointe orientale de la rivière de Deba; elle est haute, escarpée avec quelques rochers à sa base, et à son sommet un grand ermitage dédié à Sainte Catherine. Dans cet espace toute la côte est escarpée et peu saine sur ses bords. A 1 mille 1/4 à l'E. de la Deba on voit la pointe de Piedra Blanca , ainsi nommée à cause de quelques carrières de pierres blanches qu'on y remarque et qui servent à faire reconnaître cette rivière à une distance de 15 à 20 milles.

Il y a 5 à 6 brasses d'eau dans la Deba, mais l'entrée en est obstruée par une barre très-périlleuse et sur laquelle il y a peu de fond; aussi cette rivière n'est-elle fréquentée, pendant l'été seulement, que par des caboteurs de peu de tirant d'eau , qui viennent y prendre des bois de construction et des laines.

Motrico.

Depuis la rivière de Deba , la côte continue haute et escarpée au N. 70° O. pendant 2 milles jusqu'au port de Motrico. C'est une mauvaise crique qui se dirige au S.-S.-O. et sur la côte occidentale de laquelle on a construit deux môles qui forment un petit port. On y trouve toujours une grande quantité de pêcheurs et de petits caboteurs, parce que ce port, qui n'a pas de barre à l'entrée, leur est, à tout heure, d'un accès facile. Les abords des pointes qui forment cette crique sont entourés de roches tout auprès desquelles cependant on trouve 6 à 7 brasses d'eau.

Au fond de cette anse on aperçoit sur un sommet élevé le village de Motrico.

Rivière Ondarrua.

Au N. 66° 30' O. de Motrico se trouve l'embouchure de la rivière Ondarrua, qui est petite, peu profonde et dont l'embouchure reste à sec de basse mer. Elle est fréquentée seulement par des pêcheurs et quelques caboteurs qui viennent y charger du minerai de fer. Cette rivière est la limite qui sépare le Guipuzcoa de la Biscaye.

Ile Saint-Nicolas. — Lequeitio.

A 3 milles 1/4 au N. 51° O. de l'embouchure de Ondarrua on voit l'île Saint-Nicolas. Entre ces deux points la côte est haute et escarpée. A mi-distance on aperçoit assez rapproché du rivage le village de Mendeya. L'île Saint-Nicolas est de moyenne hauteur ; au sommet on voit une chapelle et une batterie. Cette île se joint à la terre ferme par un banc de sable qui découvre de basse mer ; elle forme l'extrêmité E. du petit port de Lequeitio, à l'entrée duquel il y a une barre, et sur la côte E. une petite rivière. Ce petit port est formé par deux jetées et ne peut recevoir que des bateaux pêcheurs qui restent à sec pendant la basse mer.

Pointe et Ermitage de Santa Catalina.

En suivant la même direction pendant un grand mille, on voit sur une pointe avancée, taillée à pic et de couleur noire, l'ermitage de Santa Catalina et une maison de signaux. Ces deux points serviront de reconnaissance pour le port de Lequeitio ; mais une montagne située au S. 71° 15′ O. de l'ermitage dont nous venons de parler et qu'on nomme Alto de Lequeitio (sommet de Lequeitio), fera plus facilement reconnaître ce port. Cette montagne que l'on distingue parfaitement de toutes les directions, est haute, irrégulière et terminée au sommet par un piton aplati.

Pointe, rivière et village de Hea.

Au N. 70° O., à 2 milles de la pointe de l'ermitage de Santa Catalina, est la pointe de Hea qui est basse et environnée de roches ; mais à une faible distance cette terre s'élève et forme une anse dont le contour est une côte rocheuse.

A un grand mille au S. de cette pointe on trouve la rivière et le village de Hea. Cette rivière a si peu de fond que les pêcheurs seuls peuvent y entrer.

Cap Ogoño.— Village d'Elanchove.

Au N. 65° O., à 5 milles 1/3 de la pointe Santa Catalina,
on voit le cap Ogoño. Ce cap est élevé, aplati, taillé à
pic et de couleur rougeâtre. C'est là pour les navigateurs
un fort bon point de reconnaissance, parce qu'il n'existe
sur toute cette côte aucun point avec lequel on puisse
le confondre. Tout près et dans l'E. de ce cap on trouve
le village d'Elanchove où il y a des môles pour abriter
les bateaux de pêche. Par les vents de S.-O. et de N.-O.
on peut mouiller dans la baie par 13 brasses fond de sable noir ; pour prendre ce mouillage on doit s'approcher
du cap Ogoño sans crainte, car tous ses abords sont
sains, ayant 7 brasses d'eau jusqu'à toucher terre avec
une rame. En loffant sous le cap pour venir mouiller on
ne doit pas s'éloigner de terre à plus de 50 ou 60 brasses,
et quand le clocher de l'église du village se découvrira
et s'apercevra très-distinctement, on mouillera par les
13 brasses en filant assez de câble s'il y a tourmente et
grosse mer, sauf à le retirer plus tard. On ne doit pas
penser d'entrer dans les môles, l'espace y étant très-
étroit, les bateaux y restant à sec de basse mer, et aussi
à cause du ressac qu'on y ressent par les gros temps.

Ile Isaro.

A 2 milles au N. 77° O. du cap Ogoño on voit l'île Isaro
qui s'étend de l'O.-N.-O. à l'E.-S.-E. Elle est de moyenne
hauteur à son centre, mais très-basse à son extrémité.

Cette île est entourée de bancs et de roches qui cependant laissent un passage de 12 brasses de fond entre
l'île et la terre.

Rivière et port de Mondaca.

Au S. et à 3/4 de mille de l'île Isaro, on trouve l'embouchure de la rivière Mondaca. Cette rivière, qui est
très-profonde dans l'intérieur, a malheureusement une
barre sur laquelle il y a très-peu d'eau. Sur la rive occi-

dentale, et à peu de distance de l'embouchure, on voit le village de Mondaca où deux jetées forment un petit port dont une partie reste à sec de basse mer. Ce port ne peut recevoir que des bateaux.

Bermeo.

A un mille 1/4 au S. 58° O. de l'île Isaro, on trouve la ville et le port de Bermeo ; c'est une calanque peu profonde, dont l'ouverture, large d'environ une encâblure, se présente à l'E.-N.-E. Un peu en dedans des pointes qui forment l'entrée de Bermeo, on trouve 4 brasses et 4 brasses 1/2 de fond. La ville est bâtie sur la côte N.-O. On y a construit un môle pour abriter les caboteurs et les bateaux de pêche qui peuvent seuls fréquenter ce port, et que la basse mer laisse entièrement à sec. Pour entrer à Bermeo, on devra rallier la côte S.-E. qui est saine, de préférence à celle du N.-O. qui est entourée de bas-fonds.

Écueil.

A une encâblure au N.-N.-E. de la pointe extrême du môle de Bermeo, se trouve un écueil de rochers ayant leur direction du S.-S.-E. au N.-O. Ces rochers découvrent de basse mer, mais la demi-marée les couvre assez pour que les chaloupes puissent passer dessus.

Pointe Uguerray.

Au N. 5° E., à 3/4 de mille de la ville de Bermeo, on trouve la pointe Uguerray, qui est escarpée, et sur laquelle il y a une batterie. Entre ces deux points, on trouve quelques rochers peu éloignés du rivage.

CAP MACHICHACO.

Au N. 63° O., à 6 milles du cap Ogoño et à 3 milles au N. 53° de l'île Isaro, on trouve le cap Machichaco, situé par 43° 28' latitude N. et 5° 1' 25" longitude O. (de Paris.) De ce cap l'entrée du port du Passage est à 34 milles au S. 77° E.; le phare de Saint-Sébastien à 31 milles au S. 74° E., et l'île San Antonio de Guetaria à 24 milles au S. 67° 45' E.

Le cap Machichaco n'est pas très-élevé à l'extrêmité ; mais il est escarpé et entouré de roches qui se prolongent dans la mer à une très-petite distance. Le terrain qui forme ce cap va ensuite en s'élevant graduellement sous une pente d'environ 20 degrés jusqu'à former le sommet d'une grosse montagne haute et verdâtre. A mi-hauteur environ de cette montagne, on voit une brèche que l'on distingue lorsqu'on relève cette montagne du S.-O. à l'E., en passant par le S. Cette brèche sert à faire reconnaître le cap Machichaco qui, à une certaine distance, se confond avec les montagnes qui l'environnent.

Phare de Machichaco.

Le phare du cap de Machichaco est situé à l'extrêmité du cap et par 48° 28' latitude N. et 5° 9' 25" longitude O. (Paris). Son feu est varié par des éclats de 4' en 4'. Phare lenticulaire de première classe, il est élevé de 80^m au-dessus du niveau de la mer ; son feu blanc se voit à plus de 18 milles.

Ilot Aquech.

Au S. 73° O., à deux tiers de mille du cap Machichaco, on rencontre l'îlot Aquech, qui n'est éloigné de la côte que d'environ une encâblure. Cet îlot est gros, élevé, escarpé et sain, excepté du côté de la terre, où se trouvent quelques bancs.

Chapelle de San Juan de la Peña.

A un mille 1/4 au S. 70° 15' O. du cap Machichaco, on voit une autre île, unie à la terre par un pont, et au sommet de laquelle se trouve une chapelle dédiée à San Juan de la Peña. Les terres situées derrière cette île sont hautes et escarpées.

Cap Villano.

Au S. 80° 30' O., à un mille 1/2 du cap Machichaco, on rencontre le cap Villano qui est haut, gros et escarpé.

Entre ces deux caps, la côte forme une baie dont les terres sont hautes et au fond de laquelle on aperçoit deux plages et deux villages de pêcheurs; le premier nommé Baquio et le second Armenta. Vers le milieu de la distance qui sépare ces deux caps, on voit une montagne pointue qu'on nomme Alto de Plensia. Cette montagne étant la plus haute de toutes celles qui entourent la baie, indiquera de très-loin la position des caps Machichaco et Villano.

Ilot du cap Villano.

A un demi-mille à l'O. du cap Villano, et à une faible distance de la côte, on voit un îlot bas dont l'extrêmité N. est située à 6 milles 1/2 au S. 82° O. du cap Machichaco.

Rivière et ville de Plensia.

Au S.-O. et près de cet îlot, on trouve une pointe à partir de laquelle la côte se dirige vers le S. Cette terre est moins élevée, mais tout aussi escarpée que la précédente. A un petit mille de cette pointe, on trouve l'embouchure de la rivière de Plensia, ouverte au N.-O. et formée par deux pointes hautes et accidentées, de couleur rougeâtre. En dedans de ces pointes, tout le bord de la mer est une vaste plage. Il y a une barre dont le fond est très-variable. Pour entrer en rivière, il faut se diriger au S.-E. corrigé, en s'écartant de 2 brasses d'un haut rocher nommé Saint-Valentin, qu'on laisse à tribord. Cette rivière n'est fréquentée que par des pêcheurs et quelques caboteurs venant charger du minerai de fer. La ville de Plensia est située sur la côte N. de cette rivière et à un mille de son embouchure.

Pointe de la Galea.

Au S. 46° O., à 5 milles 2/3 de l'îlot du cap Villano, se trouve la pointe de la Galea. Entre cette pointe et celle de Plensia, la côte est de moyenne hauteur, unie, escarpée et bordée de roches qui s'étendent à peu de distance au large ; elle est de couleur blanchâtre et ressemble de loin à une dune de sable.

La pointe de la Galea forme l'extrêmité E. de la baie de Bilbao. L'extrêmité O. de cette baie est formée par la pointe Luzuero. Cette dernière pointe est à 3 milles au S. 81° O. de celle de la Galea.

Phare de Bilbao ou de la Galea.

Sur cette pointe de la Galea on a établi, depuis 1856, un phare pour la reconnaissance de Bilbao. C'est un feu fixe lenticulaire de quatrième classe et visible à 22 millés. Il est situé par 43° 28′ 36″ latitude N. et 5° 24′ 1″ longitude O. (Paris). Etablissement 3^h 16^m.

PORT ET RIVIÈRE DE BILBAO.

(Voir le plan.)

Pointe et batterie de San Ignacio.

A partir de la pointe de la Galea, la côte est haute, escarpée et blanche. Elle court pendant un mille 1/4 au S. 34° E. jusqu'à la pointe de San Ignacio, sur laquelle il y a une batterie. Cette pointe est formée par une terre rougeâtre. Du pied de cette pointe partent plusieurs roches apparentes et sous l'eau qui se dirigent vers le N.-O. et se prolongent jusqu'à 2 grands milles. A un demi-mille au N. 45° 30′ O. de San Ignacio, à une encâblure 1/2 de la côte, il y a un banc visible en partie pendant la basse mer et ressemblant à une bouée. On le nomme Piedra del Piloto. Entre les deux pointes de la Galea et de San Ignacio, mais plus rapprochée de la première, on voit, sur le sommet d'un escarpement, le château de la Galea.

Pointe de Begoña.

A $\frac{6}{10}$ de mille au S. 20° E. de la pointe San Ignacio, on trouve celle de Begoña sur laquelle on voit une batterie. Entre ces ces deux pointés, la côte forme une anse ; au milieu de cette anse, on aperçoit le village d'Argota où il y a un môle pour abriter les petits navires.

A la pointe Begoña commence une plage d'une éten-
due d'environ $\frac{9}{10}$ de mille ; cette plage se dirige au S. 22°
O. et se prolonge jusqu'à l'embouchure de la rivière de
Bilbao. Les deux rives de ce fleuve sont bordées de quais
qui de l'embouchure se continuent jusqu'à la ville de
Bilbao, située à 3 lieues dans l'intérieur.

Ville et mouillage de Portugalette.

A $\frac{4}{10}$ de mille au S. 26° 43' E. de l'embouchure de la
rivière de Bilbao s'élève, sur la côte occidentale, la ville
de Portugalette. C'est en cet endroit que la rivière a le
plus de profondeur et qu'on trouve le mouillage le plus
commode pour les navires d'un fort tirant d'eau. Là, de
tous les côtés, la rivière offre des quais sur lesquels on a
planté des canons pour pouvoir s'amarrer. La ville de
Portugalette est située par 43° 20' 10'' latitude N. et par
5° 14' 57'' longitude O. (Paris).

Ville de Bilbao.

Bilbao est la capitale de la Biscaye, et c'est une ville
d'un grand commerce. Quelques grands navires, profitant d'une grande marée, remontent quelquefois jusques devant la ville, mais généralement ils s'arrêtent à
Olaviaga, village situé à 3 milles de Bilbao : c'est là que
la plupart des navires opèrent leur chargement et leur
déchargement. Ceux qui n'ont qu'un très-court séjour à
faire dans la rivière restent ordinairement au mouillage
de Portugalette, d'où ils peuvent facilement sortir pour
profiter d'un vent ou d'une marée propices.

Santurce.

A partir de l'embouchure de cette rivière, la côte est
haute, bordée de roches, et se dirige pendant un demi-
mille au N. 69° 20' O. jusqu'au village de Santurce. A cet
endroit on trouve un petit môle formant une espèce de
port dont le fond est de roche, mais qui reste à sec
même avant que la mer soit tout à fait basse.

4

L'alignement de ce môle avec l'angle de la première maison de Santurce forme la limite qui sépare la Biscaye de Las Encartaciones.

C'est à Santurce qu'habite le pilote en chef ainsi que tous les pilotes de la barre de Bilbao.

Depuis le village de Santurce, la côte suit, toujours élevée, au N. 41° O. pendant $\frac{5}{10}$ de mille, jusqu'à une batterie qu'on nomme *del Campillo*. De ce point la côte se dirige au N. 56° 30' O. pendant 3 milles jusqu'à la pointe de Puerto Servallo. Entre ces deux points on rencontre à $\frac{4}{10}$ de mille de la batterie du Campillo celle de Las Quartas ; à une distance double, celle de Xibeles, et à 2 milles, le village de Siervana, bâti dans une gorge au fond d'une petite anse qui sert d'abri à quelques bateaux pêcheurs.

Pointe de Luzuero.

Depuis la pointe de Puerto Servallo la côte se dirige au N. 82° O. à la distance de $\frac{4}{10}$ de mille jusqu'à la pointe de Luzuero. A partir de cette pointe la côte court de l'O. au S. en décrivant un arc de cercle qui se termine à une montagne pointue qu'on appelle le mont Luzuero. Cette partie de côtes est composée de falaises hautes et arides aux pieds desquelles on voit plusieurs ilots. Entre Siervana et Santurce on voit une autre montagne nommée le pic de Serantes qui a 1437 pieds de Burgos de hauteur.

Barre de Bilbao.

L'entrée de la rivière de Bilbao ou du Nervion a une barre qui commence au village de Santurce et dont la profondeur et la direction sont très-variables. En hiver, la grosse mer rend cette barre très-périlleuse et empêche souvent les pilotes de sortir. Les gros temps de N.-O. sont ceux qui contribuent le plus à changer la situation de cette barre, et c'est par ces temps-là qu'elle a le moins d'eau et qu'elle est très-dangereues.

Les alignements pour entrer en rivière étaient, en 1836 : la grande église de Portugalette (qui est sur une hauteur et très-visible), par l'église de Cestaos, aussi sur une hauteur de la côte occidentale et très-apparente. Ce relèvement conduisait, sans qu'on eût à craindre aucun danger, jusques à l'entrée de deux môles construits à l'embouchure de la rivière.

La direction de la barre n'étant pas fixe, les marques qui viennent d'être indiquées pour la franchir ne peuvent pas non plus être constantes. Il est donc indispensable de prendre un pilote pour entrer en rivière. Lorsque le temps est beau, il n'est pas difficile de s'en procurer un. Tous les pêcheurs sont assez expérimentés pour conduire le navire dans les environs de la barre ; là, le pilote en chef arrive et vous conduit dedans.

Quand il fait trop mauvais temps pour que le pilote puisse sortir, il monte sur une des batteries au N.-O. de Santurce, et à l'aide d'un petit pavillon rouge, il indique au navire de venir plus sur bâbord ou sur tribord pour passer sur le plus grand fond.

Si la barre est impraticable, on hisse au fort del Campillo un pavillon blanc qui reste en permanence tant qu'il y a un navire en vue. Dans ce dernier cas, pendant l'hiver on conseille de chercher le port de Santoña où l'on peut attendre le beau temps. (1)

---

(1) Par suite de la grande sécheresse, les sables viennent de s'amonceler vers l'embouchure du Nervion et ont augmenté la barre de Portugalette, au point qu'elle est devenue très-dangereuse et presque impraticable. Cette barre menace aujourd'hui de fermer totalement le port de Bilbao. La passe principale, autrefois perpendiculaire à l'axe de la rivière, vient d'être rejetée tout à fait à droite de l'entrée et à proximité des rochers de Santurce. Le bateau à vapeur de Santander à Bilbao a failli se perdre dessus en cherchant à entrer dans le port. — *Avis aux navigateurs.* — Ministère de la marine, 2e quinzaine de mars 1858. — (*Note de l'éditeur.*)

Mouillage dans la baie.

Si on arrivait à l'entrée pendant le jusant, ou si le vent n'était pas favorable pour entrer en rivière, on pourrait mouiller dans la baie. Le meilleur poste est à demi-distance entre la pointe Luzuero et celle de la Galea, en mettant cette dernière en alignement avec le cap Villano. On sera en cet endroit par 16 brasses, fond de sable, et on aura beauconp de chasse ; de sorte que dans le cas où l'ancre ne tiendrait pas on aurait tout le temps d'en mouiller une seconde.

Courants et vents.

La direction des courants de la côte est presque toujours sujette à l'influence des vents régnants. En hiver, les gros vents de N.-O. sont assez fréquents, et toujours accompagnés de pluie, souvent même de tonnerre et tempête. Le vent parciculier local est le S. grand frais ; il règne vers les équinoxes et souffle avec violence ; en général il est sec et ardent, même quand en variant au S.-O. il vient accompagné de pluie : le baromètre l'annonce ordinairement par une descente de 25 à 30 centièmes, quelquefois plus. Bien que ce vent vienne de terre, quand il augmente avec force, la barre devient impraticable.

L'établissement à la barre et à Portugalette est à $2^h 42^m$.

Reconnaissance de la baie de Bilbao.

Si l'on arrive devant la baie en suivant la côte, la reconnaissance en sera fournie par la terre blanche de la pointe de la Galea et par l'ouverture que présente la baie elle-même. Si on était près de Santoña, trois montagnes pointues feraient reconnaître cette baie : celle du N. est la montagne Luzuero, celle du milieu, qui est la plus haute, est le pic de Serantes, et enfin la troisième, au S. des deux autres, ressemble à une île. En gouvernant sur la première de ces trois montagnes on arrivera sur la pointe Luzuero. En venant du large, la reconnaissance en est encore très-facile, parce que les terres qui forment cette baie étant très-hautes des deux côtés, rendent très-apparentes la grande ouverture qu'elles laissent entr'elles. En s'approchant de terre on verra la pointe de la Galea que sa couleur blanche empêche de confondre avec aucune autre.

Anse de Somorrostro.

Au S.-O., à une faible distance de la pointe de Luzuero, on trouve une petite anse nommée Somorrostro, qui est fréquentée par quelques caboteurs qui y vont charger du fer à cause de la proximité des mines. L'entrée de cette anse est obstruée par une barre. Pour entrer dans l'anse de Somorrostro il faut rallier la côte O. sur laquelle on voit une batterie et une chapelle de Nuestra Señora del Socorro. Sur la côte E. de cette anse on trouve une grande plage qu'on distingue de 5 à 6 lieues et qui sert de point de reconnaissance.

Anse et village de Onton.

A partir de Somorrostro, la côte continue haute et inabordable. Au S. 72° O. de la pointe Luzuero, on trouve le village et la petite anse de Onton. Cette crique est tellement parsemée de roches, que les canots même ne peuvent y entrer. A peu de distance dans l'E. de cette anse se termine la seigneurie de Las Encartaciones et commence celle de la Montaña; de sorte que le village de Onton appartient à cette dernière.

Petite anse et village de Megoño.

Du village de Onton, la côte suit toujours escarpée au N. 49° 30′ pendant 3 milles. On rencontre alors l'île de Santa Ana située tout auprès de Castro-Urdiales. Entre Onton et cette île on voit la petite anse et le village de Megoño, dans laquelle quelques bateaux vont prendre chargement de minerai de fer. Le peu de fond qu'il y a dans cette anse ne permet pas à d'autres navires d'y entrer même pendant la pleine mer.

CASTRO-URDIALES.

Baie. — Ile Santa Ana. — Phare. — Village de Castro.

La baie de Castro est peu profonde, elle est formée par la pointe Çatolino et l'île Santa Ana; celle-ci est située à 5 milles 2/3 au N. 73° 15' O. de la pointe Luzuero et jointe à la terre ferme par un pont. Sur la tour N.-E. du château qui est sur cette île on a établi un phare en 1856. C'est un feu varié par des éclats rouges de 3' en 3', il est élevé de 40 mètres et visible à 12 ou 13 milles. Latitude 43° 24' 10" N. Longitude 5° 36' 5" O. (Paris).

Le village de Castro, bâti sur la terre ferme, commence à la pointe sur laquelle s'appuie le pont qui joint l'île à la côte et s'étend vers le S.-O. De cette même pointe part une jetée qui se dirige vers le S. et qui forme avec une autre jetée qui aboutit au village, un petit port pour les caboteurs qui y restent à sec pendant la basse mer. Ces deux jetées ne laissent entr'elles qu'un petit canal. Cependant, tout près de l'entrée de ce petit port, et par le travers de la jetée du N., les petits navires trouvent toujours assez d'eau pour être à flot même de basse mer.

Mouillage dans la baie de Castro.

On peut mouiller dans la baie de Castro au S.-E. du môle par 7 ou 8 brasses, fond de sable vaseux, en ayant soin de porter une amarre sur l'île Santa Ana, mais c'est seulement par un beau temps et pour y attendre l'heure de la marée favorable. Il sera prudent, quand on ira mouiller dans cette baie, de ne pas trop s'approcher de la pointe Santa Ana, à cause d'un petit banc de roche qui part de cette pointe et qui se prolonge dans l'E. jusqu'à environ 1/3 d'encâblure.

Les navires qui auraient besoin d'embarcations, de câbles ou d'ancres, pourront s'en procurer au village de Castro. Les habitants de ce village sont très-actifs, et il faut qu'il fasse un bien mauvais temps pour qu'ils ne puissent sortir avec leurs chaloupes et vous porter le bout du grelin dont ils ont laissé l'autre bout à terre. On hale sur ce grelin et on entre ainsi le navire à l'abri des môles. Au N.-N.-E. de l'île Santa Ana, on voit un îlot situé à peu de distance de la côte.

Pointe Ravanal.

Au N. 33° O. et à 2/3 de mille du rocher de Santa Ana, on trouve la pointe de Ravanal qui est basse et escarpée et qui a quelques rochers à très-petite distance. Entre les pointes Santa Ana et Ravanal, la côte forme une baie de 1/2 mille de profondeur dont les côtes toutes rocheuses sont basses, escarpées et bordées de roches apparentes et sous l'eau. C'est la baie d'Urdiales. Au N.-O. de cette baie on voit le village du même nom. L'anse d'Urdiales n'offre aucun abri, le fond y est en grande partie de roches.

Îlot Insua.

Au N. 69° 30' O., à 1 mille 1/2 de la pointe Ravanal, on trouve un îlot nommé Insua, sur lequel la mer passe presque toujours. Au S. de cet îlot on voit la pointe Insua qui forme avec l'îlot un canal dont peuvent profiter les grands bateaux. Entre les deux pointes Ravanal et Insua, la côte est basse, rocheuse et d'une hauteur presque toujours égale.

Pointe Islares.

A partir de la pointe Insua, la côte court à l'O. pendant 1 mille et 2/3 jusqu'à la pointe Islares; cette pointe est basse, rocheuse et forme l'extrémité S. de la baie d'Oriñon: près d'elle se trouvent deux îlots. Entre ces deux pointes, la côte, toujours rocheuse et basse, présente quelques petites anses sans importance. On y trouve les villages Lindigo et Islares. A la pointe Islares se termine le mont Cerredo qui prend naisssance à Castro. Cette montagne, vue du large, est peu reconnaissable à cause des montagnes plus hautes qui se trouvent derrière elle et avec lesquelles elle se confond.

Pointe de Sonavia.

A 3 grands milles au N. 69° O. de la pointe Ravanal, on trouve celle de Sonavia. Cette pointe, dont l'extrêmité baignée par la mer est plus haute que les terres qui sont derrière, est aplatie au sommet et ressemble de loin à une île. La pointe de Sonavia forme l'extrêmité N. de la baie d'Oriñon. Dans cette baie, qui a 1 mille 1/4 de profondeur, vient déboucher une petite rivière. L'entrée de la baie est obstruée par une barre. Les bateaux qui vont chercher du minerai de fer sont les seuls qui fréquentent la baie d'Oriñon. Ils y entrent pendant la pleine mer et restent à sec de marée basse.

Montagne de Candina et pointe de Rastrillar.

De la pointe de Sonavia s'élève une grosse montagne nommée Candina, qui est aplatie à son sommet. Cette montagne, couverte de grandes taches de verdure répandues sur les rochers blancs dont elle est formée, présente de tous côtés un aspect agréable et fournit un bon point de reconnaissance pour cette partie de la côte. A partir de cette montagne, la côte continue à être escarpée et va en s'abaissant graduellement jusqu'à la pointe Rastrillar ou Canto de Laredo, située à 3 milles 1/2 dans l'O. de celle de Sonavia. Dans cet espace on ne rencontre que deux petites pointes peu avancées dans la mer.

PORT DE SANTOÑA.

(*Voir le plan.*)

Ville de Laredo.

La rade de Santoña est formée par la montagne de ce nom, qui est haute et escarpée au N.-O. et la côte S. qu'on appelle Arenal de Laredo et qui se termine par la pointe saillante de Laredo ou del Rastrillar, déjà citée plus haut. Cette pointe del Rastrillar est haute, grosse, noire, irrégulière et entourée de bas-fonds et de blocs de rochers à ses pieds. A partir de cette pointe la côte forme une petite anse qui se dirige vers l'E. Auprès de la pointe de Rastrillar on trouve la petite ville de Laredo, bâtie à l'endroit où commence la grande plage ou Arenal de Laredo. Cette plage se prolonge en décrivant un arc de cercle jusqu'au Puntal del Pasage et forme ainsi le fond de la rade. L'entrée du port de Santoña est formée par le Puntal del Pasage au S. et les terres du château San Martin au N.

Banc del Pittoro.

A 1/2 mille au S. 70° E. du Puntal, et à 1 mille 1/2 au N. 55° O. de la pointe de Rastrillar, se trouve l'extrêmité E. d'un banc de sable nommé Pittoro, qui se prolonge à 3 encâblures 1/2 vers l'O. et sur lequel il n'existe que 1 brasse 1/3 d'eau ; aux environs de ce banc le fond varie de 1 brasse 1/2 à 2 brasses. Entre le Pittoro et le mont Santoña, on trouve un canal de 2 encâblures de large avec un fond variable de 5 brasses 1/2 à 7 brasses.

Banc del Doncel.

A l'E. 12° S. del Puntal, et au N. 38° O. de la pointe del Rastrillar, se trouve l'extrêmité septentrionale d'un autre banc de sable nommé del Doncel. Ce banc s'étend à environ 3 encâblures vers le S. ; son fond varie de 2 à 3 brasses. La profondeur de l'eau tout autour est de 5 à 6 brasses.

Entre la pointe du château de San Carlos et celle del Peon (côté S. du mont Santoña), il existe un autre banc de sable à 2 encâblures de la côte et suivant sa direction. Il n'y a sur ce banc qu'une brasse d'eau de basse mer.

Canal d'Ano.

Du Puntal del Pasage s'internent deux bras de rivière, l'un prenant sa direction au S. et l'autre à l'O.; ce dernier se nomme canal d'Ano. On y trouve, en remontant dans l'intérieur, 3 brasses, 2 brasses et 1 brasse d'eau jusqu'au mont de Ano, situé au fond du canal de ce nom, à environ 3 milles à l'O. 12° S. de l'extrêmité del Puntal.

Entrer dans le port de Santoña.

Pour entrer dans le port de Santoña il faut approcher à 1 ou 2 encâblures de la pointe del Frayle (partie extrême à l'E. du mont Santoña et dont le sommet ressemble à la tête d'un moine), en évitant toutefois de tomber sur la Merana, bas-fonds situé à 2 encâblures au N. 43° 30' E. de cette pointe. Contournant la montagne Santoña à la distance indiquée, c'est-à-dire à 1 ou 2 encâblures, on amènera l'extrêmité S. de cette montagne (château San Carlos) en alignement avec le mont d'Ano au fond du canal de ce nom, et qui a la forme d'un tas de blé. On suivra cette direction (sans venir sur babord pour ne pas tomber sur le banc du Doncel) jusqu'à ce qu'on ait franchi la barre, ce qui aura lieu quand on arrivera à petite distance du fort San Carlos. On viendra alors sur babord et l'on gouvernera directement sur le clocher de l'église de Cisero (village à gauche du canal d'Ano) sans faire une abattée trop grande afin de ne pas tomber sur le banc del Pittoro. On suivra cette route jusqu'à ce qu'on découvre la batterie ou fort Saint-Martin un peu avant les premières maisons de la ville de Santoña. Une fois là, on naviguera dans le milieu du canal

jusqu'à ce qu'on arrive à la hauteur de la ville de Santoña, où l'on mouillera par 6 ou 8 brasses d'eau fond de
vase, et on s'affourchera E. et O.

Ville de Santoña.

La ville de Santoña est bâtie sur une grande plage à
l'O. de la montagne de ce nom. Elle est située par 43° 26′
50″ de latitude N. et 5° 39′ 57″ de longitude O. (Paris).
Dans les marées de syzygies ou vives eaux, la mer monte
de 4 mètres et dans celles de mortes eaux, de 2 mètres
50 à 3 mètres.

Il y a aussi un mouillage au S.-E. et un autre au S. 1/4
S.-O. de la pointe del Frayle, dans l'alignement du château de San Carlos avec le mont d'Ano. Le premier par
9 brasses fond de sable, et le second par 5 brasses même
fond. Ces mouillages sont abrités de vents de N.-N.-O.
jusqu'au S.-O.; mais avec des vents de N. grand frais, on
y est fort mal et très en danger de se perdre; car la direction de ces vents, qui soufflent souvent par rafales,
permettrait difficilement d'entrer dans le port de Santoña ou de doubler la pointe de Sonavia.

Les mouillages que l'on vient d'indiquer sont de bons
points de relâche pour les navires qui, voulant aller à
Bilbao, sont contrariés par de forts vents et une grosse
mer de N.-O. (Il a été dit que par les vents de N.-O. la
barre de Bilbao était très-dangereuse.) Ils servent aussi
d'abri aux bâtiments qui doivent se rendre à Santander
et que la force du vent empêche de louvoyer pour atteindre ce mouillage.

Pointe de Brusco. — Arenal de Berria.

A mille au N. 87° O. de l'extrémité N.-O. du mont
Santoña se trouve la pointe Brusco. Cette pointe est haute, grosse, mais pas du tout saillante en mer. Entre
ces deux points on rencontre une grande plage nommée Arenal de Berria. Les terres situées au S. de cette
plage sont basses et marécageuses : elles s'étendent jus-

qu'à la ville de Santoña, formant ainsi une espèce d'isthme qui fait ressembler le mont Santoña à une île et pourrait faire accroire aux navigateurs qu'il existe un passage à cet endroit.

Pointe de Garfauta.

A partir de la pointe Brusco, la côte suit de moyenne hauteur sur le bord de la mer et haute dans l'intérieur. Au N. 45° O. et à 3 milles 1/2 du sommet du mont Santoña, on trouve la pointe Garfauta, qui est basse et qui a quelques îlots à sa base dans sa partie de l'O. Entre cette pointe et la pointe Brusco, la côte forme une baie toute parsemée de roches; au fond de cette baie il y a un village nommé Noxa, dont l'église est très-apparente.

Cap Quexo.

A un mille 2/3 au N. 55° O. de la pointe de Garfauta, on voit le cap Quexo, qui est peu élevé, très-accidenté et de couleur rougeâtre. Vu d'une certaine distance, le sommet de ce cap paraît uni; mais en s'approchant on reconnaît qu'il est aussi accidenté que le cap lui-même; on y voit une Maison de Signaux. Entre ces deux points, la côte forme une baie dans laquelle on voit plusieurs îlots, et à peu de distance du cap on trouve l'embouchure d'une très-petite rivière qui reste à sec pendant la basse mer. Ce ruisseau, où quelques pêcheurs vont s'abriter, conduit à un village nommé Isla : l'entrée s'en distingue difficilement, parce qu'elle est formée par deux petites pointes de roches peu avancées.

Cap Ajo.

Au N. 81° O., et à 3 grands milles du cap Quexo, on voit celui d'Ajo, qui est plus bas que le précédent; il est uni au sommet et taillé à pic jusqu'à la moitié de sa hauteur; sa base forme une pointe un peu avancée en mer. Entre ces deux caps, la côte décrit une légère courbe au fond de laquelle on voit une plage. Tout près du cap Ajo se

trouve une autre petite plage où l'on voit une petite rivière, dans laquelle les canots seuls peuvent remonter
pendant la basse mer. Cette rivière conduit au village
d'Ajo, situé à un mille dans l'intérieur.

Cap Quintres.

A 2 milles au S. 67° O. du cap Ajo, on trouve celui de
Quintres, qui ressemble à celui d'Ajo, mais seulement
plus élevé et de couleur blanchâtre. A partir de ce cap,
la côte est plus basse, mais continue à être escarpée et
blanche jusqu'au cap Galisano, situé à 2 milles au S. 56°
30′ O. de celui de Quintres. Entre ces deux caps, la côte
est toute rocheuse et décrit une courbe.

Cap Langre.

A un grand mille au S. 78° 30′ O. du cap Galisano, on
voit le cap de Langre, bas et rocheux. Entre ces deux
caps, la côte forme une anse où vient se jeter une petite
rivière qui conduit jusqu'au village de Galisano. A peu
de distance du cap de Langre on rencontre le village du
même nom.

PORT DE SANTANDER.

(Voir le plan.)

Ile Santa Marina. — Le Puntal.

A partir du cap Langre, la côte court escarpée pendant un mille au S. 60° O. A cette distance on rencontre
l'île de Santa Marina, tellement rapprochée de la terre
que les embarcations seules peuvent passer dans ce canal. Cette île forme l'extrémité orientale du port de Santander. De cette île, la côte toujours escarpée fuit vers
le S., et à peu de distance commence une grande plage
de sable qui s'étend à 2 milles $\frac{1}{10}$ dans l'O. Cette plage se
nomme Puntal et forme la côte méridionale du port. La
côte court ensuite au S.-E. jusqu'au fond de la rivière de
Cubas. Il est bon d'avertir que la pleine mer couvre toute

la plage jusqu'à la côte élevée, et que la basse mer laisse à sec la plus grande partie de cette plage.

Cap Mayor.

Au N. 70° O., à 2 milles $\frac{6}{10}$ de l'extrêmité N. de l'île Santa Marina, on trouve le cap Mayor, dont le pic se nomme pic de Gallo. Ce pic est situé par 43° 30' 10" de latitude N. et 6° 1' 45" de longitude O. (Paris.)

Le cap Mayor forme l'extrêmité N.-O. du port de Santander. Il est de moyenne hauteur et escarpé ; vers l'O. et très-près de ce cap on trouve un phare qui occupe le même emplacement d'une ancienne Maison de Signaux. A partir du cap Mayor, la côte court au S. 44° E. jusqu'au cap Menor. Ce cap, éloigné du premier de 1/2 mille et sur lequel se trouve une batterie, est plus bas que le précédent et se termine par une pointe basse qui se prolonge fort peu sous l'eau.

Phare de Santander.

Le phare de Santander fut allumé pour la première fois le 15 août 1839. La Chambre de commerce de cette province ayant fait les frais de son établissement, exige pour le remboursement de cette avance et les frais d'entretien, le droit de un réal par tonneau (27 centimes) pour les navires espagnols et deux réaux pour les navires étrangers qui entrent dans le port.

L'édifice est bâti à la même place qu'occupait autrefois la Maison de Signaux du cap Mayor ; il se compose d'une base circulaire de 17 mètres de diamètre extérieur, sur 8 mètres d'élévation jusqu'à la partie supérieure d'une plate-forme sur laquelle on a élevé huit piliers soutenant un nombre égal d'arcades avec soubassement et corniche d'ordre ionique. L'intérieur de cette partie de l'édifice sert d'habitation aux hommes chargés de l'entretien du phare. La partie supérieure est entourée d'une galerie. Il est construit en pierre de taille blanche ce qui, de jour, le rend visible à une grande distance de la côte et sert ainsi de bon point de reconnaissance pour le port de Santander.

Le phare de Santander est situé par 43° 30′ latitude N. et 6° 7′ 33″ longitude O. (de Paris.) (Etablissement III^h 46^m.) Il est élevé de 92 mètres au-dessus du niveau de la mer et visible le jour à 21 milles. Il est varié par des éclats qui se succèdent de 30″ en 30″, ayant un feu fixe au-dessus et au-dessous; ces feux sont visibles à 15 ou 18 milles.

Le feu de Santander est de 2e ordre; il a été construit d'après le système Fresnel; les parties supérieures et inférieures forment la lumière fixe et celle du centre les éclats qui se succèdent de demi-minute en demi-minute.

Avis importants.

Avec des vents violents du large ou avec des temps obscurs, il serait dangereux de vouloir juger de la position du navire par l'intensité ou le degré de lumière qu'on apercevrait.

—

Malgré la grande distance qui sépare Santander de la côte de France, on a vu bien souvent que des navires voulant aller dans ce port avaient une si grand erreur dans leur point qu'ils manquaient Santander et se trouvaient engagés dans le golfe de Gascogne. L'établissement des feux de Santander, de Saint-Sébastien et de Biarrits, près Bayonne, empêcheront de semblables erreurs. On devra, en conséquence, bien se pénétrer de la nature de ces trois feux, afin de ne pas les confondre.

Pointe del Puerto. — Cap et château d'Ano.

A 1 mille 1/4 au S. 30° E. du cap Menor, se trouve la pointe del Puerto. Entre ces deux points, la côte forme une anse qui se dirige vers l'O.; on y voit dans le fond une plage nommée del Sardinero, à la hauteur de laquelle on mouille quand le vent et la marée ne permet-

tent pas aux navires d'entrer tout de suite à Santander.
Le mouillage del Sardinero est à 3 encâblures du cap Menor, par 10 à 12 brasses fond de sable et dans l'alignement du cap Menor par le cap Mayor. Avoir soin de ne
pas mouiller plus dans le S., car on se trouverait alors
sur un fond de roche. On remarque trois batteries dans
la baie del Sardinero. A 2/10 de mille au N.-O. de la
pointe del Puerto, on voit le cap Ano et sur un escarpement le château du même nom.

Ile Mouro.

Au S. 51° E., à distance d'un mille 7/10 du cap Mayor et
au S. 81° O. du point le plus N. de l'île Santa Marina, se
trouve une autre île qu'on nomme de Mouro, qui est
haute et escarpée. Dans l'E. et tout près de cette île on
trouve un petit îlot nommé Corvera, et à une encablure
au S. 76° O. on rencontre un banc recouvert de trois
brasses d'eau; de tout autre côté les abords de l'île de
Mouro sont parfaitement sains.

Batterie de la Cerda. — Pointe Promontorio.

De la pointe del Puerto, la côte court aù S.-O. pendant
une encâblure, jusqu'à la batterie de Cerda. A ce point
commence une anse dont l'autre extrêmité est formée
par la pointe del Promontorio et au fond de laquelle on
voit une plage parsemée de roches. La pointe del Promontorio est à 6/10 de mille de celle del Puerto; l'anse
comprise entre la batterie de Cerda et la pointe del Promontorio forme la côte septentrionale du port de Santander.

Ile de la Torre.

A 3 encâblures au S. 67° O. de la pointe del Puerto on
trouve l'extrêmité méridionale de l'île de la Torre, qui
est petite et tout près de terre.

Ilot Horadada.

Au S. 53° O., et à 3 encâblures de la pointe del Puerto,

il y a un îlot percé qui a tout à fait la forme d'un pont
et qu'on nomme la Horadada. Cet îlot est sain et aborda-
ble seulement dans sa partie S., mais de tous les autres
côtés on trouve un banc de sable parsemé de quelques
roches.

Pointe et batterie de San Martin.

A 3 encâblures au S. 68° O. de la pointe del Promontorio, on trouve une pointe sur laquelle est établie une
batterie qu'on nomme château ou batterie de San Martin et qui est sur un sommet escarpé. Au pied de cette
pointe se trouvent quelques îlots se dirigeant vers l'O.
Entre la pointe del Promontorio et celle de San Martin, la
côte est toute rocheuse et forme quelques petites criques.

Môle et ville de Santander. [1]

Au S. 85° O., à 7/10 de mille de la pointe de San Martin,
est l'extrêmité S. du môle de Santander. A l'extrêmité
opposée de ce môle on voit les bâtiments de la capitainerie du port. Ce môle est situé par 43° 27′ 52″ de latitude
N. et par 6° 3′ 20″ de longitude O. (de Paris.) La ville de
Santander s'étend vers l'O. et le S.-O. de ce môle, le
long de la côte haute. Dans la petite darse que forme le
môle de Santander, il ne peut entrer que de petits navires qui restent à sec de basse mer.

Depuis le môle, la côte est de moyenne hauteur et rocheuse, avec quelques plages. Elle court dans la direction de l'O.-S.-O. pendant 2 milles, jusqu'à un monticule
qui s'étend de l'E. à l'O. et qui, vu de cette partie de la
côte, paraît avoir un sommet pointu. Ce monticule se
nomme Monte ou Peña Castillo.

Pointe Maliano. — Guarnizo.

A partir de ce point, la côte court au S. et ensuite vers
l'E. jusqu'à la pointe Maliano. A partir du môle de Santander commence un banc de sable ou bas-fonds qui reste
à sec de basse mer, et qui, avec un banc semblable qui

5

suit la côte opposée, ne laisse qu'un canal assez étroit dont le plus petit fond est de 2 brasses. Ce canal conduit jusqu'à Guarnizo, village au fond de l'anse, où on peut réparer et même construire des navires de tout rang. A partir de la pointe del Promontorio, la côte se dirige pendant 2/10 de mille au S. 69° O., en décrivant une légère courbe jusqu'au château de San Martin. A cet endroit commencent plusieurs bancs de sable dont quelques-uns découvrent de basse mer, et qui arrivent jusqu'à se trouver N. et S. avec la tête du môle. Ces bancs forment avec la côte du N. un canal par lequel passent les navires qui vont au mouillage de Santander.

INSTRUCTIONS POUR L'ENTRÉE ET LA SORTIE DU PORT DE SANTANDER.

Points de remarque.

Côte de Ruballo.

La côte de Ruballo est de moyenne hauteur et couverte de ronces ; elle commence à l'E. de la pointe Pedreña et forme au milieu un petit enfoncement également couvert de broussailles.

Pic de la Cavada.

Le pic de la Cavada est de moyenne hauteur, avec une inclinaison ordinaire, il a la forme d'un pain de sucre et est couvert de forêts, de ronces et broussailles qui lui donnent une teinte toujours sombre. Il se trouve à l'E. de la montagne Cabarga.

Alto de Miranda.

Le Alto de Miranda est situé sur la côte N. du port, entre le château San Martin et l'aiguade de Moledo : au sommet on voit un petit village. Les maisons qui servent de point de remarque sont les deux dernières du côté de l'O. ; on les distingue en ce que la plus élevée a l'entrée tournée vers le N., présentant au port seulement deux petites fenêtres sans persiennes. L'autre, moins élevée, a son entrée vers le S., faisant face au port ; on y remarque un balcon et deux portes; ces deux maisons ont chacune un hangar couvert de tuiles pour abriter le bétail.

Pointe de Peñoa, ou Nido del Cuervo.

La pointe de Peñoa, connue aussi sous le nom de Nido del Cuervo (Nid du Corbeau), est un morne de terre peu élevé. C'est là que vient se terminer la terre haute, qui depuis la cathédrale se dirige vers l'O. en laissant ce morne un peu vers le S. Au sommet de la pointe Peñoa, il y a plusieurs petits arbres. L'alignement de ce morne par la ligne verticale qui descendrait du mont Castillo, vous fait suivre le milieu du canal du port depuis San Martin jusqu'à l'aiguade Moledo; il vous fait passer à 2/3 d'encâblure au S. de San Martin, fait parer les roches situées au N. de cette pointe, le banc du Bergantin, et vous conduit jusqu'au S.-S.-E. de l'aiguade.

Pour entrer à Santander en venant de l'O. avec des vents largues ou avec un navire à vapeur.

Après avoir reconnu le port par le phare et les terres environnantes, si on vient de l'O. on gouvernera de manière à passer dans le canal appelé la Barra, entre l'île Mouro et le cap d'Año; pour cela on suivra l'alignement du pic de la Cavada par la côte haute de Ruballo. Si la mer est très-grosse, on aura soin de présenter toujours l'arrière aux coups de mer; mais on embardera aussitôt pour venir reprendre l'alignement désigné, de manière à venir passer à une demi-encâblure au S. de la Horadada. A partir de ce point on gouvernera dans l'alignement de la pointe Peñoa par le sommet du mont Castillo. On passera ainsi à 2/3 d'encâblure du château San Martin, et aussitôt qu'on relèvera l'une par l'autre les deux maisons situées sur le Alto de Miranda, on courra un peu à l'O. et on laissera tomber l'ancre de manière qu'une fois mouillé on relève toujours l'une par l'autre les deux maisons dont on vient de parler.

Pour entrer à Santander en venant de l'E. avec des vents largues ou avec un naviré à vapeur.

Si on venait de l'E. avec des vents largues, il faudrait passer au milieu du canal formé par l'île Santa Marina et par l'île Mouro et dès qu'on apercevrait la Horadada, gouverner en tenant toujours cet îlot par le bossoir de tribord, de manière à passer à une demi-encâblure au S. de ce dernier. On se dirigerait ensuite sur les mouillages qui viennent d'être indiqués, en suivant les alignements qu'on a donnés.

Mouiller au mouillage ordinaire des navires de commerce.

Si on voulait aller tout de suite au mouillage ordinaire des navires de commerce, en face de la ville de Santander, il faudrait, aussitôt qu'on serait par le travers et à 2/3 d'encâblure du château de San Martin, venir peu à peu sur tribord, de manière que lorsqu'on serait N. et S. avec l'aiguade Moledo, on ait la pointe San Martin, l'îlot Horodada et l'extrémité S. de l'île Santa Marina dans le même alignement. Si la brume empêchait de voir l'île Santa Marina, on pourrait toujours apercevoir l'îlot Horadada dont on ne sera qu'à 1 mille et 2/10, et qu'il serait facile de mettre dans l'alignement avec la pointe San Martin.

Quand on sera arrivé à être N. et S. avec l'aiguade Moledo, et, comme on vient de le dire, la pointe San Martin se trouvant par la Horadada, on devra gouverner au S. 77° du monde; alors l'extrémité S. de l'île de la Torre restera cachée par la pointe du château San Martin. On continuera cette route jusqu'à ce qu'on se trouve N. et S. avec la capitainerie du port. De là on gouvernera au S.-O. 1/4 S. du monde, et on continuera jusqu'au moment où l'on se trouvera N. et S. avec la cathédrale de Santander. On mouillera alors sur un fond de 5 brasses 1/2 pendant la basse mer. Il y a encore un autre aligne-

ment pour ce mouillage, c'est de mettre le sommet du
mont Castillo par la pointe de la côte qui s'avance le plus
au S. et sur laquelle on voit la maison Puyol.

Manière de s'affourcher.

Avec la marée montante on mouillera d'abord l'ancre
du N.-E. qui doit être celle sur laquelle on peut compter
le moins, et filant du câble à la demande, on mouillera
celle du S.-O. qui doit être la plus forte et étalinguée
sur le meilleur câble, par 4 ou 5 brasses fond de vase
dure. Si au contraire la marée descendait, on mouillerait d'abord l'ancre du S.-O. en filant 100 brasses de son
câble, et on mouillerait alors l'ancre du N.-E. On virerait
ensuite sur la première ancre, de manière à rester avec
60 brasses de câble sur celle du S.-O.

Entrer à Santander avec le flot, au plus près du vent, et avec des brises maniables.

Par des vents de N.-O. on ne doit tenter l'entrée de
Santander que si on a au moins encore une heure de
marée montante; et par ceux de S.-O. (particulièrement
dans les mortes eaux) que si on peut compter sur le flot
pendant au moins deux heures; parce qu'avec ces vents
on ne peut entrer qu'en se touant et avec l'aide de la
marée.

Après avoir reconnu le port, on gouvernera de manière
à passer à 2 encâblures des caps Mayor et Menor. On
prendra ensuite le milieu du canal entre l'île Mouro et le
cap Año : pour cela, comme on l'a dit déjà, il faut relever le pic de la Cavada par la côte élevée de Ruballo.
Après avoir franchi ce canal appelé la Barra (ce dont on
sera averti quand on apercevra la Horadada), on viendra
sur tribord et à l'O. autant qu'on le pourra, gouvernant
bien au plus près afin de doubler la pointe del Puerto et
de passer à une demi-encâblure au S. de la Horadada. Il
faudra cependant constamment bien tenir le vent dans

les voiles, afin d'être toujours sûr d'un virement de bord
vent devant. [Si on arrive à couvrir l'île Mouro par la
pointe del Puerto, on virera vent devant quand on découvrira cette île, et même avant qu'on la découvre,
toutes les fois qu'on se trouvera à 2 encâblures 1/2 del
Puntal. On prendra donc babord amures, et l'on courra
cette bordée jusqu'au moment où on arrivera dans le
milieu du canal (ce qu'on saura quand la Horadada
s'alignera par la pointe del Puerto). On ne gardera alors
que le grand ou le petit hunier, et on commencera à se
touer, en apportant le plus grand soin à ne jamais s'é-
carter beaucoup dans le S. ou dans le N. de l'alignement
de la pointe Peñoa par le sommet du mont Castillo.

Continuant à se touer avec l'aide de la marée montante, on passera à 3/4 d'encâblure de la pointe du château San Martin, et on continuera sa route toujours à
peu près au milieu du canal, afin de ne pas trop s'approcher du banc del Bergantin ni des plages situées sur les
côtes du N. On fera pour cela usage de la sonde, en
ayant soin de se tenir constamment sur un fond de 4
brasses au moins. On suivra donc, comme on vient de
le dire, le milieu du canal jusqu'au moment où on arrivera N. et S. avec l'aiguade de Moledo. De cet endroit on
gouvernera toujours en se touant, de manière à ce que
la pointe du château San Martin couvre l'extrêmité S. de
l'île de la Torre, et arrivé N. et S. avec la capitainerie du
port, on pourra, si le vent le permet, mettre à la voile,
ou continuer à se touer jusqu'à ce que l'on soit N. et S.
avec la cathédrale. Là, on mouillera l'ancre du S.-O. par 4
ou 5 brasses, et orientant les voiles (si on est arrivé en
se touant), on élongera le câble en gouvernant au N.-E.
Quand on aura filé 100 brasses sur la première ancre, on
mouillera la deuxième; on serrera les voiles, et on virera sur l'ancre du S.-O. en filant de celle du N.-E. jusqu'à n'avoir plus que 60 brasses dehors de l'ancre du S.-O.

Depuis le moment où on est N. et S. avec la capitainerie du port, on devra sonder constamment afin de ne jamais passer sur un fond moindre de quatre brasses.

Avis important.

Lorsque les gros temps de S.-O. surviennent dans les jours de marées mortes, avec pluie et grosse mer, il arrive souvent que la force du courant des rivières, augmenté par les pluies, diminue et même annule sur la Barra l'action de la marée montante ; il est dans ce cas tout à fait impossible d'entrer à Santander. Le temps qu'on aura trouvé au large et aux environs du port indiquera à peu près si l'entrée est praticable.

Entrer par des vents de S. ou S.-S.-O. avec la marée montante.

On louvoiera de manière à passer tribord amures sous le vent et aussi près que possible de l'îlot Corvera, situé à l'E. de l'île Mouro. On continuera la bordée du S.-E. jusqu'à se trouver à 2 encâblures 1/2 du Puntal ; on aura alors doublé l'île Santa Marina. (1) On virera ensuite vent devant, en prenant bien toutes les précautions pour que le virage de bord ne manque pas, et on gouvernera au plus près, babord amures. On suivra ainsi la bordée de l'O., en ayant soin de ne pas s'avancer jusqu'à aligner le fanal du cap Mayor avec un magasin que l'on voit sur le cap Menor, parce que quelques instants avant d'avoir atteint cet alignement, on devra, pour éviter le banc des Quebrantas, attenant au Puntal, laisser arriver jusqu'à aligner la Horadada par le château San Martin. Aussitôt après avoir dépassé ce dernier alignement, on n'aura plus rien à craindre de ce danger, et on pourra lofer autant que le vent le permettra.

---

(1) Si la mer était grosse, on ne pourrait pas s'approcher autant du Puntal à cause des roches qui l'avoisinent. On devrait virer alors à une plus grande distance.

Si cette bordée babord amures ne vous portait pas au vent de la pointe del Puerto, il faudrait virer de bord vent devant, à une distance de terre suffisante pour pouvoir virer vent arrière si la première évolution ne réussissait pas. On devra cependant avoir soin de ne rien négliger pour faire réussir le virement de bord vent devant, car, dans le cas contraire, on serait obligé de laisser porter et de sortir de la barre pour recommencer à prendre la bordée de tribord, et de passer à toucher la Corvera, comme on l'a dit plus haut.

Quand on aura passé sous le vent de l'îlot Corvera, on recommande de prolonger la bordée du S.-E. autant que possible, parce que, outre les arrivées qu'on est obligé de faire dans certaines circonstances, le vent peut refuser, et on ne doit pas oublier qu'il est de la dernière importance de pouvoir doubler franchement l'île Mouro.

Les sondes marquées au plan sur le banc des Quebrantas, indiquent la profondeur de l'eau qu'on trouve sur ce banc pendant la basse mer d'une grande marée. On pourra donc, en ayant égard à l'état de la marée et au tirant d'eau du navire, passer en toute sûreté sur ce banc.

Quand on aura viré vent devant aux environs de la pointe del Puerto, on gouvernera au plus près tribord amures jusqu'à deux encâblures 1/2 du Puntal, où on virera encore en apportant le plus grand soin à cette opération. Si le vent a donné et permet de passer au moins à une encâblure au vent de la Horadada, on prolongera la bordée autant qu'on le pourra, en manœuvrant comme il suit: Si en approchant de la Horadada on s'aperçoit que le vent refuse graduellement, il faudra sans hésiter faire une autre bordée vers le Puntal; mais plutôt que de s'engager ainsi, et surtout si on n'a pas la plus grande confiance dans les qualités de son navire pour un prompt virement vent devant, le meilleur parti à prendre est de mouiller à une distance raisonnable pour pouvoir filer du câble et mouiller une seconde ancre dans le cas où le vent viendrait à renforcer ou à tourner, ce qui arrive fréquemment en hiver. On pourra filer du câble jusqu'à venir très-près de l'îlot Horadada, qui est très-sain de ce côté.

Si on a doublé franchement la Horadada, on continuera, en lofant le plus possible, jusqu'à ce qu'on relève la pointe de Peñoa par le mont Castillo, ou jusqu'au moment de se trouver au S.-E. de la pointe del Promontorio. Alors on virera de bord et on se touera avec le grand ou le petit hunier, le cap au S.-E. si le vent est maniable et si l'on a confiance dans le navire.

Dans le cas contraire, il vaut mieux mouiller sa meilleure ancre dans l'alignement suivant : l'extrêmité N. de l'île Santa Marina par la pointe del Puerto, et faisant de suite une embardée au N.-E. en traversant le foc à tribord si cela est nécessaire, on filera du câble de la première ancre et on mouillera la seconde. On égalisera ensuite les amarres.

Entrer à Santander par un gros temps de N.-O.

Par des gros temps de N.-O., il n'est jamais prudent, pour un navire qui peut se maintenir quelques jours en mer, de chercher à entrer à Santander avant que la barre soit praticable. Cependant, si des circonstances majeures y obligeaient, il ne faudrait pas s'y hasarder sans avoir au moins encore trois heures de marée montante. La première chose à faire dans ce cas, en arrivant devant l'entrée, devra être de se mettre un peu plus à l'O. de l'alignement indiqué (le pic de la Cavada par la côte élevée de Ruballo), afin d'avoir le plus d'avance possible pour les arrivées qu'on est obligé de faire pour recevoir les coups de mer qui sont énormes dans la Barra, et auxquels il serait très-dangereux de ne pas présenter l'arrière. Quand le coup de mer sera passé, on lofera aussitôt le plus possible, de manière à porter autant qu'on pourra au vent de la pointe del Puerto, et on continuera à entrer en suivant les alignements déjà indiqués.

Mouiller devant la pointe del Puerto.

Si le vent refusait, ou si, par toute autre circonstance, on était obligé de mouiller devant la pointe del Puerto, on aura l'attention de ne laisser tomber l'ancre que lorsque la tour de la cathédrale sera par le château San Martin. Ce mouillage n'offre aucune sécurité si une fois le navire mouillé on aperçoit le cap Mayor ; aussi faudra-t-il se haler au vent le plus possible et mouiller une et même deux ancres, suivant la force du vent; on attendra dans cette position le pilote et du secours.

Aucune précaution ne saurait être négligée pour se maintenir ensuite à ce mouillage, tant est périlleux le moment de mouiller et la tenue chanceuse. Aucun moyen ne sera de trop ni inopportun, tant le danger est imminent dans cette position. Aussi devra-t-on mettre en pratique tous les moyens connus pour empêcher les ancres de chasser, afin de pouvoir attendre des secours de terre. Si les ancres ou les câbles manquaient, le navire irait infailliblement se jeter sur les brisants du Puntal, et sa perte serait certaine. On a vu fréquemment de semblables malheurs arriver à Santander.

Mouillage del Sardinero.

Le mouillage del Sardinero, en face de la plage de ce nom, ne saurait être pris par des gros temps de N.-O. que si le navire qui le cherche pouvait atteindre le mouillage de sa bordée; dans le cas contraire, il devrait y renoncer, car la grosseur des lames qui déferlent sur les caps Mayor et Menor, oblige le navire à s'écarter de ces caps, et la force du vent ne permet pas de louvoyer pour y arriver.

Par tout autre temps et avec belle mer, on peut mouiller à 2 ou 3 encâblures du cap Menor, par 9 ou 10 brasses fond de sable, et en mettant le cap Menor par le cap Mayor. Ce mouillage est d'un grand secours pour attendre le jour ou la marée montante, conditions indispensables pour entrer à Santander.

Sortir de Santander par des vents largues.

Par des vents frais de S.-O. et du N.-O. il n'est pas nécessaire, pour sortir, d'attendre que la marée descende. Après avoir appareillé, on gouvernera au N.-E. 1/4 N. du monde, jusqu'au moment où on se trouvera N. et S. avec la capitainerie du port. Alors on fera route au N. 77° E. En suivant cette nouvelle direction, on aura l'extrémité S. de l'île de la Torre cachée par la pointe du château San Martin. On continuera ainsi jusqu'à ce qu'on soit N. et S. avec l'aiguade Moledo; alors on viendra légèrement vers le S., de manière à passer dans le milieu du canal et à 2/3 d'encâblure de la pointe San Martin. De ce point on alignera par l'arrière du navire la pointe Peñoa par le mont Castillo, et en conservant cet alignement, on passera à une demi-encâblure au S. de la Horadada. Avec des vents de N.-O., si le navire doit aller dans l'E., on sortira par le passage entre l'île Mouro et l'île Santa Marina, lofant de manière à passer aussi près que possible de l'îlot Corvero, situé à très-faible distance à l'E. de l'île Mouro.

Avec des vents de S.-O., si le navire doit aller dans l'O., on sortira par la Barra en tenant le pic de la Cavada par la côte élevée de Ruballo. On peut passer si l'on veut à une encâblure des caps Mayor et Menor.

Sortir avec des vents faibles ou des vents contraires.

Pour sortir avec des vents faibles ou des vents contraires, il est indispensable d'attendre le commencement de la marée descendante et de se touer, avec le cap évité, au S. si le vent dépend du S.-E., et avec le cap au N. si le vent dépend du N.-E.

Après avoir bordé et hissé les huniers et les avoir brassés, le grand d'un bord et le petit de l'autre, on dérapera, et, profitant du commencement du jusant, on se halera en se maintenant toujours au milieu du canal par 4 ou 5 brasses d'eau jusqu'à être N. et S. avec la capitainerie du port. Arrivé à ce point, on doit relever la pointe du château San Martin par l'extrêmité S. de l'île de la Torre. On continuera à se touer en conservant cet alignement, jusqu'au moment où l'on sera N. et S. avec l'aiguade Moledo ; alors, en se tenant toujours au milieu du canal (en ayant soin de ne jamais passer sur un fond moindre de 4 brasses), on gouvernera de manière à passer à deux tiers d'encâblure de la pointe San Martin. On continuera de sortir, toujours en se touant, jusqu'au moment où l'on sera N. et S. avec la Horadada, n'approchant jamais le Puntal à plus de 2 encâblures. De là on pourra orienter les voiles et commencer à louvoyer, en ayant toujours soin de ne pas trop s'approcher du Puntal, et de passer à une demi-encâblure sous le vent de l'île Mouro. On continuera ensuite sa bordée jusqu'à ce que l'on ait doublé les caps Mayor et Menor.

Mouillages divers provisoires.

Les mouillages où l'on mouille le plus communément sont :

1º Le mouillage le plus en dehors que l'on puisse prendre provisoirement avec sécurité, lorsqu'on doit attendre la marée favorable ou qu'on est arrêté par tout autre accident de mer, se trouve dans l'alignement du château de la Cerda par celui d'Ano, et le clocher de la cathédrale par le château San Martin.

2° Mouillage del Promontorio.

Le mouillage del Promontorio, où mouillent ordinairement les navires qui vont partir, car il est difficile de quitter le port et de gagner le large dans une seule marée. Les alignements indiquant le centre du mouillage del Promontorio sont : l'extrêmité N. de l'île Santa Marina par la Horadáda, et la maison la plus élevée de Miranda par la pointe la plus avancée de la côte comprise entre el Promontorio et San Martin, et que les pilotes appellent pointe de las Animas. Ce mouillage est pris aussi ordinairement par les navires qui n'ont qu'un très-court séjour à faire à Santander.

3° Mouillage de San Martin.

Le mouillage de San Martin est le mouillage habituel des navires de guerre; il est pris aussi par quelques navires de commerce qui veulent rester en appareillage, et par ceux qui viennent par relâche à Santander. Les marques sont en alignant les deux maisons de Miranda l'une par l'autre et la pointe N. de l'île Santa Marina par le château de la Cerda.

4° Mouillage ordinaire des navires de commerce.

Le mouillage habituel des navires de commerce s'étend à l'O. et depuis la capitainerie du port jusqu'à l'endroit nommé Pozzo de los Martires, c'est-à-dire jusqu'à être dans l'alignement de la terre haute de Ruballo par l'auberge de Pedreña, et de l'Atalaya par le clocher de la cathédrale.

5° Mouillage del Lazareto.

Le mouillage de l'île del Lazareto ou de Perrosa, au fond de la rivière et près du village de Guarnizo, est le mouillage des bâtiments en quarantaine. Les relèvements de ce mouillage sont : le moulin à vent par l'angle O. de l'hôpital et l'auberge de Pedreña par la première coupure que l'on voit au S. de la pointe Acebo.

Les relèvements qui viennent d'être indiqués pour entrer et sortir de Santander, servent pour l'état actuel des passes (1843); mais la position des bancs qui forment les passages est tellement variable, qu'on ne saurait trop recommander de ne jamais tenter l'entrée de ce port sans un pilote qui ait récemment pris des indications.

Il est nécessaire d'informer aussi les navigateurs qui fréquentent ce port, que par des vents du S., qui en hiver y sont très-violents, les ancres chassent facilement.

Marées. — Direction du courant.

A l'époque de la syzygie, l'heure de la pleine mer est à 3 heures de l'après-midi, la hauteur de l'eau est de 4 mètres 50 cent. A l'époque des quadratures, elle ne monte que de 3 mètres à 3 mètres 50. Elle s'élève un peu plus par des coups de vent de N.-O.

Par la marée descendante, le courant est plus rapide que celui produit par le flot. Sa vitesse pendant le jusant est de 3 mètres à l'heure ; à l'entrée du port il tourne vers le S.-E. et se dirige vers une petite anse qu'on voit au S. de l'île Santa Marina. Il est bon de se tenir en garde contre ce courant, qui a souvent mis des bâtiments dans une fâcheuse position.

CORRECTIONS PROPOSÉES PAR LA CHAMBRE DE COMMERCE DE SANTANDER ET ADOPTÉES PAR UNE COMMISSION SPÉCIALE (1).

Entrer à Santander par un coup de vent de N.-O.

Par un coup de vent de N.-O., il n'est jamais prudent pour aucun navire de chercher à entrer à Santander, si ce navire peut rester à la mer et attendre au vent du port

---

(1) Ces corrections et la description du port de Santander qui précède, ont été traduites d'une petite notice publiée à Madrid en 1843, pour être annexée au *Derotero* de Tofino de San Miguel.

la fin du mauvais temps. Mais avant de prendre une pareille détermination, c'est-à-dire d'essuyer le coup de vent à la mer, on ne devra pas oublier qu'il est très-difficile de pouvoir se maintenir au vent de ce port, à cause de la rapidité du courant qui, avec des coups de vent de N.-O., porte à l'E. et file jusqu'à 3 milles à l'heure. Donc, tout bâtiment qui ne croira pas pouvoir se maintenir au vent du port, pourra tenter d'y entrer, pourvu toutefois, et cette condition est indispensable, qu'il puisse compter sur 3 heures de marée montante. Dans toute autre circonstance, et aussi dans celle où la marée ne serait pas favorable, on fera bien de mouiller à Sardinero, si on peut atteindre ce mouillage.

Mouillage de Sardinero.

Le mouillage de Sardinero, situé en face de la plage de ce nom, pourra être pris avec un coup de vent de N.-O. toutes les fois que le navire qui désire l'atteindre pourra porter assez de voiles pour mouiller de la bordée à l'endroit indiqué sur le plan, en ayant égard au tour que l'on est obligé de donner au cap Menor pour éviter les lames que dans certains cas on sera obligé de recevoir par le travers. Si le vent était à l'O.-N.-O., O., ou S.-O., on pourra sans crainte essayer d'aller mouiller à Sardinero, parce que, dans le cas où on ne pourrait pas atteindre ce mouillage, il sera toujours facile de sortir et de s'éloigner de la côte.

Observations.

Le dépôt hydrographique de Madrid se plaît, en publiant ces modifications, à combler les désirs de la Chambre de commerce de Santander. Il ne peut cependant s'empêcher d'avertir les navigateurs de bien peser les deux corrections qui lui ont été proposées, et les engage, avant de les adopter, à bien consulter les qualités de leurs navires, parce que si, par un coup de vent de

N.-O., on ne pouvait atteindre le mouillage de Santander ou de Sardinero, après avoir essayé d'y aller, on se perdrait infailliblement sur la côte E. du port.

Cap Lata.

A 1 mille au N. 86° O. du cap Mayor, on trouve celui de Lata, qui est plus bas que le précédent et entièrement formé par des rochers. Entre ces deux caps la côte forme une anse escarpée.

Port de San Pedro.

Depuis le cap Lata, la côte suit basse et rocheuse à une courte distance, jusqu'à un endroit où se trouve une petite pointe. De là elle incline plus fortement vers le S. pendant 2/3 de mille jusqu'au port de San Pedro del Mar. On appelle ainsi une mauvaise crique qui se dirige au S.-S.-E., et au fond de laquelle il y a une plage où les pêcheurs vont relâcher lorsque les vents de N.-E. soufflent avec violence. Mais il y a devant cette crique une barre de roches sur laquelle la mer brise par les vents de N.-O.

Ile Nuestra Señora del Mar.

Depuis le port San Pedro, la côte court au S. 75° O. pendant un mille 2/3 jusqu'à l'île de Nuestra Señora del Mar. Cette île, au sommet de laquelle on voit une chapelle, se dirige du N. au S. ; elle est rocheuse, basse, escarpée, et unie à la terre ferme par un pont. Entre San Pedro et cette île la côte est basse et escarpée, et décrit une courbe peu sensible.

San Juan del Canal.

A 1 mille au S. 81° O. de Nuestra Señora del Mar se trouve une pointe haute et escarpée sur laquelle on voit une Maison de Signaux, et qui s'appelle San Juan del

Canal. Entre ces deux pointes il y a une petite anse s'internant à l'O., au fond de laquelle on voit un ermitage. Cette anse est très-étroite et rocheuse, et ne peut servir qu'à des embarcations.

Pointe de Somocuevas.

Au S. 75° O , à 2 milles 1/2 de la Maison de Signaux de San Juan del Canal, se trouve la pointe de Somocuevas qui est, comme la précédente, haute et escarpée. Entre ces deux points on voit sur la côte quelques pointes peu saillantes, et une chaîne d'îlots élevés bordant le rivage à une faible distance de terre.

Lienceres. — Altos de Lienceres.

A moitié distance entre San Juan del Canal et Somocuevas, on trouve le village et la tour de Lienceres, situés au pied de la montagne du même nom. La direction de cette montagne est du N.-N.-E. au S.-S.-O., son étendue d'un mille 1/2, et aux extrémités on voit deux pics qu'on nomme Altos de Lienceres. Sur la pente occidentale de cette montagne on voit une grande dune de sable que l'on distingue de très-loin et qui sert de reconnaissance aux navires qui vont à Santander.

Ile de Suances ou de Conejos. — Plage Valdearenas.

A 2 milles 2/3 au S. 67° O. de la pointe Somocuevas, on voit l'île de Suances ou de los Conejos (île des Lapins), qui est basse et rocheuse. Au S.-E. de cette île, tout près de la pointe del Cuerno, on voit plusieurs îlots ; entre la pointe Somocuevas et l'île Suances la côte forme une baie au fond de laquelle se trouvent une plage nommée Valdearenas et une petite rivière qui remonte au S.-S.-E., appelée Mogro.

Pointe de la Hilera.

Au S. 70° O., et à 2 milles de l'île Suances, on trouvera la pointe de la Hilera. Entre ces deux points la côte forme une anse qui se dirige vers le S. et dans laquelle se jette

6

la rivière de San Martin de la Arena. A une petite distance à l'O. de l'embouchure de cette rivière, on trouve le village de Suances, et à 6 milles dans l'intérieur, les magasins de farine de la Requejada.

Rivière et baie de San-Martin de la Arena.

(Voir le plan de cette baie.)

La pointe del Toro d'un côté, et celle de Afuera de l'autre, forment l'entrée de la baie de San Martin de la Arena. Cette entrée est obstruée par une barre de sable qu'y amène la rivière du même nom et dont la passe est si variable qu'il est impossible de pouvoir donner des remarques fixes pour pouvoir la franchir. Il est donc indispensable d'avoir un pilote qui ait récemment sondé cette passe. Dans le cas où le pilote ne pourrait sortir avec sa chaloupe, le navire qui arrive devra suivre les indications qui lui seront faites avec un pavillon blanc déployé sur la pointe de l'Atalaya. Si le pavillon est agité alternativement de droite à gauche et de gauche à droite, ça indiquera au navire en vue qu'il ne peut pas entrer, la barre se trouvant impraticable. Si le pavillon est maintenu droit, ce signal signifiera que le navire en vue doit, pour entrer, continuer la route qu'il suit en ce moment. Si le pavillon est incliné à droite, le navire devra venir plus sur bâbord, et s'il est incliné à gauche, le navire devra venir plus sur tribord.

Il est inutile d'indiquer que, pour se trouver plus à même d'obéir aux signaux faits avec le pavillon, il faudra rallier la pointe de l'entrée qui se trouvera au vent. Aussitôt qu'on sera par le travers de la pointe Marsan, dont on passera à une quinzaine de brasses, on gouvernera sur la dernière maison à gauche du village de Suances, au-dessous de laquelle on voit un chemin très-apparent qui se bifurque en diverses directions, et à droite un ermitage entouré d'arbres. Après avoir de cette manière doublé la pointe de Marsan, on couvrira cette dernière pointe par celle de Afuera, sans cependant perdre celle-ci de vue afin d'éviter un banc de sable nommé El Tropiezo, et on gouvernera dans ce dernier alignement jusqu'à ce qu'on découvre l'ermitage de San Esteban par la pointe de la Cal : dès qu'on verra cet ermitage entièrement détaché de la pointe, on sera en position pour mouiller. Si à ce mouillage on était trop fatigué de la mer ou par le vent de N., on pourrait s'amarrer à quatre en quelque lieu du canal que l'on veuille, entre la pointe del Abrigo et celle de Juriaca. Si on veut remonter jusqu'aux magasins de la Requejada, il est nécessaire, pour naviguer avec sécurité, d'avoir un pilote ou de baliser préalablement le canal.

Il est recommandé aux navires qui entrent ou qui sortent de cette rade, de ne pas trop s'approcher de la pointe del Cuerno, à cause d'un petit banc qui part du pied de cette pointe et aussi à cause des roches Jarillo et Joaquina, qui ne sont apparentes que pendant la basse mer.

Marées.

La pleine mer, dans les jours de nouvelle et de pleine lune, a lieu à 3 trois heures de l'après-midi. Dans les marées de quartiers ou mortes eaux, on trouve de basse mer sur cette barre 1 mètre 50 de fond. Dans les marées vives, le fond varie de 4 mètres à 4 mètres 50. La direction de la marée montante sur la barre est du N. au S. et inverse à la marée descendante. Le fond, tant par les mortes eaux que dans les grandes marées, augmente de 30 à 40 centimètres par les vents de N.-O. et diminue d'autant par ceux de S.-E.

Avertissement.

Quand la mer a monté pendant 3 heures, l'eau couvre la roche Morcejonera, et les navires qui calent 2 mètres 30 et au-dessous peuvent franchir la barre ; quand elle a monté pendant 4 heures, la roche Proaño est couverte et la barre peut être franchie par les navires qui calent jusqu'à 3 mètres ; enfin, après 5 heures de flot, l'eau sera sur le point de couvrir un bout de môle que l'on voit encore sur le Costalete, un peu au S. de la pointe del Toro, et les navires qui calent de 3 mètres 40 à 3 mètres 60 peuvent passer.

Atalaya de Santa Justa. — Pointe de Calderon.

De l'île Suances ou de los Conejos, l'Atalaya (Maison de Signaux) de Santa Justa, reste à 2 milles au S. 73° O.; de cette maison on relève la pointe de Calderon au S. 67° 30′ O., à 2 milles 1/2. Entre ces deux points la côte est escarpée, d'égale hauteur, et décrit une légère courbe aux environs de laquelle il existe des roches.

Baie de San Vicente de Luaño.

Depuis la pointe de Calderon, la côte court au S. 64° 45′ O., à 3 milles 7/10 de distance jusqu'à la pointe occidentale de la baie de San Vicente de Luaño, sur laquelle se trouve un ermitage. Entre cette pointe et celle de l'E., la côte forme une petite baie dans laquelle on voit une plage et une petite rivière, et où les bateaux pêcheurs vont relâcher. Une grande partie de cette baie reste à sec de basse mer. A l'époque de la syzygie, la hauteur totale de la marée est de 4 mètres ; pendant les mortes eaux elle n'est que de 2 mètres. L'établissement de cette baie est à 3 heures de l'après-midi.

Cumillas.

A 3 milles au S. 82° 30′ O. de la pointe occidentale de la baie de San Vicente de Luano, on trouve l'extrêmité E. de la petite anse de Cumillas. Cette pointe est haute, plane au sommet, taillée à pic et entourée de hauts fonds à une faible distance. L'anse de Cumillas a 1 mille 1/2 d'ouverture et les deux pointes qui la forment courent E. et O. A la pointe occidentale de l'anse de Cumillas on a construit des quais et un môle qui forment une petite darse pour abriter les chaloupes; mais elles y restent à sec de basse mer.

On ne doit venir chercher le hâvre de Cumillas qu'avec des temps sûrs ou maniables. On peut mouiller en rade, la tenue y est bonne, mais on doit toujours être prêt à appareiller, car avec les vents du large, n'ayant aucun abri, on serait perdu infailliblement. Ce port est fréquenté par des caboteurs qui vont y chercher du minerai de fer. L'administration des mines tient des chaloupes qu'elle arme à l'approche des navires pour les touer jusqu'au mouillage. (1).

Cap Hoyambre.

Au N. 67° O., et à 2 milles 1/10 de l'extrêmité occidentale de Cumillas, on trouve l'extrêmité E. du cap Hoyambre. Entre ces deux pointes, il y a la baie de Rabia dans laquelle débouche la rivière de ce nom. Cette rivière, qui n'a aucune importance, a une barre qui reste à sec de basse mer.

Le cap Hoyambre présente au N., sur une étendue de 1 mille, des falaises de moyenne hauteur, escarpées, blanchâtres et entourées de bancs qui se prolongent à 1 encâblure au large.

San Vicente de la Barquera (1).

Au S. 71° O., à 1 mille 1/2 de l'extrêmité O. du cap Hoyambre, on trouve l'île del Callo, située à l'entrée du port de San Vicente de la Barquera. Entre ces deux points on voit la baie et la plage de Salmeron.

Le port de San Vicente de la Barquera ne peut recevoir que des navires dont le tirant d'eau n'excède

---

(1) Voir le plan de ce port dressé en 1857 par le capitaine Marguin, du port de Bayonne.   (*Note de l'éditeur.*)

pas 4 mètres. La barre n'y éprouve pas de grandes variations, mais il s'y trouve si peu d'eau, que la basse mer, à l'époque de la syzygie, la laisse presque entièrement à sec. L'entrée de San Vicente est divisée en deux par l'île de Callo. Le passage qu'on trouve à l'E. de cette île a une 1/2 encâblure de large, et celui de l'O. seulement 1/3. Des récifs qui partent de cette île rétrécissent ainsi le passage de l'E., et le peu de largeur de celui de l'O. vient des bancs qui partent de la terre ferme. Au fond de la baie on trouve ce qu'on appelle le port ; quoiqu'il ait très-peu d'importance, il est nécessaire d'en donner les relèvements pour l'entrée, afin qu'ils puissent être de quelque utilité pour le cas où le pilote ne pourrait pas sortir. On ne saurait trop recommander aux navigateurs de ne tenter l'entrée de ce port sans un bon pilote que dans un cas tout à fait désespéré ; car cette tentative entraînerait infailliblement la perte du navire, auquel les embarcations du port ne pourraient porter aucun secours.

Pour entrer à San Vicente par la passe de l'Ouest.

Pour entrer par le passage de l'O., on devra serrer de très-près l'île del Callo, et arrivé par le travers de l'extrêmité S.-O., gouverner sur une maison nommée la Marca, qui vous reste à peu près au S.-E. Cette maison est haute et située à peu près au N.-E. du port. On suivra cette route jusqu'au moment où l'on découvrira la première maison du village de San Vicente. On se dirigera alors sur cette maison jusqu'à ce qu'on voie la moitié du village. Arrivé là, on aura évité tous les dangers, et il faudra rallier la côte O. jusqu'à une longueur de navire, afin de mouiller en face de l'ermitage de Nuestra Señora de la Barquera, par 3 brasses 1/2 fond de vase. Le peu de largeur de ce port oblige de s'y amarrer à quatre.

Passage de l'Est.

Pour entrer par la passe de l'E., on devra longer la côte de l'île del Callo, et arrivé à très-peu de distance de l'extrêmité S.-O., on entrera en suivant les relèvements qui viennent d'être indiqués. L'établissement du port est à 3 heures de l'après-midi. L'élévation de la pleine mer dans les marées vives est de 5 mètres, et de 3 mètres dans les marées de mortes eaux. Dans les marées vives, l'entrée de l'E. a près de 5 mètres de basse mer et 9 mètres 1/2 de pleine mer. L'entrée de l'O., pendant les mêmes marées, a 2 mètres de basse mer, et près de 4 mètres de pleine mer.

Dans les marées de mortes eaux, l'entrée de l'E. a 4 mètres 1/2 de pleine mer et 3 mètres de basse mer, et celle de l'O. 3 mètres 30 de pleine mer, et près de 2 mètres de marée basse. La direction de la marée dans les deux passes est N. et S.

Le port de San Vicente de la Barquera est fréquenté par des caboteurs qui viennent y charger du minerai de fer.

Tina de l'Est.

A partir de l'île del Callo, la côte court pendant 2 milles 7/10 au N. 84° jusqu'à la pointe Pellereso. Cette pointe forme l'extrêmité orientale d'une petite rivière nommée Tina de l'E. Une barre que l'on trouve à l'entrée de cette rivière n'en permet l'entrée qu'à des bateaux.

Tina Mayor.

A 3 milles au S. 85° 30′ O. de la pointe Pelleroso, on voit l'extrêmité E. de la Tina Mayor. Les navires qui ne calent pas au-dessus de 4 mètres peuvent entrer dans cette rivière, à l'entrée de laquelle il y a une barre très-rapprochée de la pointe occidentale. En hiver, les torrents qui se précipitent des montagnes rendent alors cette barre difficile à franchir.

Ilot San Yusti et Tina de l'Ouest.

A l'O., et à 3 milles de la pointe orientale de la Tina Mayor, on remarque un îlot élevé et escarpé qui se nomme San Yusti. En cet endroit se trouve la rivière de San Yusti qui forme la Tiná de l'Ò. ou Tina Pequeña. Le peu de fond qu'on trouve dans cette rivière et le peu d'abri qu'elle offre rendent cette **Tina** complétement inutile. Le pont de San Yusti est la limite de la province de Santander et de celle des Asturies.

Les différents mornes compris entre ces rivières, et que l'on nomme aussi Las Tinas, sont élevés, plans au sommet, et d'une reconnaissance facile par leur ressemblance avec une cuve (Tina) renversée.

Pointe et anse de la Ballota.

A 5 milles au N. 75° O. de l'îlot de San Yusti se trouve la pointe de la Ballota, de hauteur moyenne et escarpée. Entre ces deux points la côte est parsemée de roches, sans autre abri que la plage et la petite rivière de la Ballota, où les pêcheurs se réfugient quand le mauvais temps ne leur permet pas d'arriver à Llanes. Dans l'espace compris entre la pointe San Yusti et la pointe de la Ballota, on voit l'îlot Concagada tout près de la pointe Pendueles, avec une batterie de roches s'étendant vers l'O., près la pointe et îlot de Puertas, et enfin la petite rivière de Poron.

Maison de Signaux de Jarri et rivière de Llanes.

A 3 milles 3/10 au N. 72° O. de la pointe la Ballota, on trouve la Maison de Signaux de Jarri. Entre ces deux points la côte forme une anse où vient déboucher la rivière de Llanes. Cette rivière est très-étroite, et il y a à son entrée une barre sur laquelle il n'y a que 2/3 de mètre d'eau de basse mer. Le banc Osa, que l'on trouve à l'embouchure de cette rivière, en rend l'entrée très-difficile, surtout par un mauvais temps. A peu de distance de l'extrêmité E. de cette anse on voit l'îlot Toro, et à 2 milles dans l'intérieur des terres, presqu'au S. de cette même anse, on aperçoit le mont et le château de Someron. Ces deux points peuvent servir de bonne reconnaissance pour cette partie de la côte.

Ile Almenada, ou rivière de Pô.

A 1 mille 2/10 au N. 72° O. de la Maison de Signaux de Jarri on trouve l'île Almenada, située à l'embouchure de la rivière Pô. Cette île, dans un cas forcé, offre dans sa partie du S.-E. un abri contre les vents d'O.-N.-O. et même contre ceux de N.-N.-O., sur un fond de sable de 3 brasses. Ce mouillage est utile aux caboteurs qui par un coup de vent de N.-O. se trouvent sous le vent de Rivadesella.

Cap Prieto, rivière Niembro.

A 1 mille 2/10 au N. 72° O. de l'île Almenada on voit le cap Prieto sur lequel il y a une Maison de Signaux. Ce cap est de moyenne hauteur et entouré de roches. Dans l'E. et tout près de ce cap on rencontre l'embouchure de la rivière Niembro, dans laquelle il ne peut entrer que des bateaux et grandes chaloupes. Entre l'île Almenada et le cap Prieto, on voit la baie de Celorio et l'île Borizo.

Cap de Mar.

Au N. 75° O. du cap Prieto, et à 5 petits milles, se trouve le cap de Mar, qui est de moyenne hauteur, taillé à pic et sain dans les environs; à son sommet il y a un ermitage. La côte comprise entre ces deux points est de la même hauteur que le cap. On trouve dans cet espace : un îlot situé au pied de la Maison de Signaux du cap Pietro, la pointe et l'îlot Desuracado, et la petite crique et plage des Carneros.

Pointe del Caballo. — Rivière de Guadamia impraticable.

Au N. 82° O., à 7 milles du cap de Mar, se trouve la pointe del Caballo, qui est la pointe orientale du port de

Rivadesella. Cette pointe est basse et rocheuse; mais à
une petite distance, la côte s'élève à la hauteur du cap de
Mar. Entre ces deux points on trouve l'îlot Horcada de
Cuevas, le cap Villanueva, la rivière Guadamia et la
pointe Palo-Verde. La rivière Guadamia est impraticable
pour toute sorte de navires, à cause de son peu de fond
et d'un banc qui se trouve à la pointe O. de son embouchure. Auprès de la pointe de Palo-Verde on voit quelques petits îlots.

Rivadesella.

A l'entrée du port de Rivadesella, il y a une barre de
sable propre, qui s'étend depuis la pointe del Caballo
jusqu'aux grandes plages de sable que l'on voit sur la
côte O. du port. La basse mer, à l'époque de la syzygie,
ne laisse que 1 mètre 2/3 d'eau sur cette barre; mais à
mesure qu'on s'enfonce dans le port, la profondeur de
l'eau augmente rapidement et atteint bientôt 5 à 6 mètres; elle va même jusqu'à 10 mètres. C'est par ce dernier fond que l'on doit mouiller. Arrivé à cette profondeur, le fond diminue tout à coup et finit par manquer
entièrement. Il y a un môle qui depuis la ville suit la rivière à sa partie du N. jusqu'en face de la barre. La barre
ne variant pas et étant courte, on entre en s'approchant
toujours de la partie de l'E. En faisant route au S. 5° E.
et changeant immédiatement à l'E., on suit le canal
d'après la direction du môle jusqu'au mouillage qui est
par 5 mètres de fond et au-dessus, ou on s'échoue sur la
plage en face de la ville. Au N. 30° E. de la pointe del
Caballo, il existe sous l'eau les roches nommées Sérap-
pio, sur lesquelles les lames brisent par la grosse mer,
bien qu'il y ait 10 brasses d'eau.

Pointe de los Carreros.

A 2 milles 1/10 au N. 72° O. de la pointe del Caballo, se
trouve celle de los Carreros; c'est une pointe basse, en-

tourée de roches, et dont on doit toujours s'éloigner d'au moins un mille.

Pointe Misiera.

A 6 milles 7/10 au N. 73° 30′ O. de la pointe de los Carreros, on voit celle de Misiera, sur laquelle il y a une batterie. Dans l'intervalle compris entre ces deux pointes, la côte forme une baie où l'on remarque plusieurs plages de sable. Ces plages sont séparées par les pointes del Arobado, de las Atalayas de la Isla et de Penote. Tout auprès de cette dernière, débouche la rivière Colunga, qui est impraticable à cause de son peu de fond.

Anse de Lastres. — Mouillage.

A peu près à l'E.-S.-E. du village de Lastres, et au N. de la pointe de Penote, se trouve le mouillage appelé la Concha de Lastres. La tenue y est excellente par un fond de sable clair. Lorsqu'on viendra mouiller à Lastres, on n'aura d'autre précaution à prendre que de chercher un poste qui, par le vent de N.-E., vous permette de doubler le cap de Lastres en passant à une demi-encâblure de la pointe Misiera.

Cap de Lastres.

Au N. 44° O., et à un mille 1/2 de la pointe Misiera, se trouve le cap Lastres qui est haut, escarpé et de couleur rougeâtre. Du pied de ce cap part une batture de roches qui s'étend vers le N. Entre ces deux points la côte est presque en ligne droite.

Pointe de Tazones. — Rivière de Villaviciosa.

A 4 milles au N. 77° O. du cap Lastres, on trouve la pointe de Tazones qui, avec celle de Rodiles que l'on voit à l'E., forme l'embouchure de la rivière Villaviciosa. La distance du village de Tazones à la baie principale est d'environ un demi-mille, et dans cette baie on trouve environ 10 à 12 brasses d'eau. Les navires calant jusqu'à 5 mètres d'eau peuvent entrer dans la rivière de Villaviciosa, mais il est indispensable d'avoir un pilote à bord, à cause d'une roche qui existe au milieu du canal et qui rend le passage très-difficile.

Pointe del Olivo et cap San Lorenzo.

A 1 mille 3/10 au N. 71° O. de la pointe Tazones se trouve celle del Olivo, et à 8 milles 7/10 au N. 89° O. de cette dernière, on rencontre le cap San Lorenzo qui est bas et rocheux, et sur lequel on voit un ermitage un peu dans l'intérieur des terres, et tout près de l'extrêmité de ce cap il y a un petit îlot. A partir de la pointe Tazones jusqu'au cap San Lorenzo, toute la côte est bordée de roches ; on y rencontre aussi plusieurs criques et quelques petites rivières.

Pointe Servigon.

A 1 mille au S. 71° 30′ O. du cap San Lorenzo, on trouve la pointe Servigon qui est de moyenne hauteur. Entre ces deux points la côte forme une anse, mais elle n'offre aucune espèce d'utilité.

Ermitage de Santa Catalina de Gijon.

A 1 mille 1/10 au S. 81° O. de la pointe Servigon, on voit sur un promontoire de terre très-escarpé l'ermitage de Santa Catalina, et sur le versant du S. le village de Gijon.

Cap de Torres et anse de Gijon.

A 2 milles 1/10 au N. 40° 30′ O. de l'ermitage Santa Catalina, on trouve le cap de Torres, au pied duquel il y a l'îlot Orrio ; entre cet îlot et le cap il y a un passage pour les bateaux. Le promontoire où est bâti l'ermitage de Gijon d'un côté et le cap de Torres du côté opposé, forment les deux extrêmités de l'anse de Gijon, dans laquelle tout navire peut mouiller par un beau temps.

Relèvements indiquant le meilleur mouillage de Gijon pour les vaisseaux et frégates.

En été, le meilleur mouillage pour les vaisseaux et les frégates est indiqué par les relèvements suivants :

L'ilot Orrio par le village de Candas, et l'ermitage de Santa Cruz par la pointe Otero. (Le village de Candas est situé au N.-O. du cap de Torres, et à une faible distance de la pointe San Antonio.) On est en cet endroit par 12 brasses 1/2 fond de sable fin et noir. Il est cependant nécessaire d'être toujours prêt à appareiller pour le cas où il surviendrait un coup de vent battant la côte, ce qui arrive assez fréquemment, même pendant l'été, dans ces parages. La mer soulevée par ce vent est très-grosse et fatigue beaucoup les amarres qui ne pourraient tenir longtemps sans être filées, ce qui porterait alors le navire sous le vent des relèvements indiqués, et le mettrait dans l'impossibilité absolue de sortir de la baie. Il n'y aurait que la certitude où l'on serait que l'état du navire ne lui permettrait pas de tenir la mer, qui pourrait justifier d'adopter un parti aussi désespéré. Les coups de vent soufflent généralement du N.-E. et durent ordinairement, dans toute leur force, pendant deux ou trois jours.

Darse de Gijon.

Les petits navires ont la ressource d'aller se mettre à l'abri dans la darse; mais il est pour cela indispensable d'avoir un pilote, soit que l'on passe sur la barre où il y a à peine 3 mètres d'eau de basse mer, soit que l'on prenne le canal del Carrero, dont le fond n'est guère plus grand. Quelques navires sont entrés à Gijon en passant en dedans de tous les bancs, mais c'était par un très-beau temps et avec les plus habiles pilotes du pays. La darse de Gijon est formée par un môle et reste à sec de basse mer; les navires qui s'y trouvent sont obligés de s'alléger, de débarquer leur artillerie, et d'établir des apparaux sur le môle pour pouvoir se maintenir droits. Le pays offre de grandes ressources en embarcations, et on peut compter sur le zèle et l'activité des habitants.

Phare de Gijon.

Sur le mont Santa Catalina, au N. de la ville, on a établi un feu fixe lenticulaire de quatrième ordre. Il est élevé de 51 mètres au-dessus de la pleine mer, et sa portée est de 12 milles.

Latitude 43° 35′ 13″ N.

Longitude 7° 58′ 10″ O. (de Paris.)

Pointe San Antonio. — Anse de Candas.

A 3 milles au N. 66° O. du cap de Torres se trouve la pointe San Antonio. La plus grande partie de la côte comprise entre ces deux points est hérissée de dangers; on y trouve aussi la petite anse de Candas, où ne peuvent entrer que des chaloupes, et que la basse mer laisse complétement à sec. A l'E.-N.-E. de la pointe San Antonio, il existe un banc avec 3 brasses d'eau au plus petit fond et 5 brasses au milieu.

Ilot Baca de Luanco. — Port de Luanco.

A 2 milles 1/10 au N. 24° O. de la pointe San Antonio, et près de terre, se trouve l'îlot qu'on appelle la Baca de Luanco, et au milieu de cette distance se trouve le port de Luanco, qui peut recevoir de petits navires, mais que la mer laisse entièrement à sec. Il y a des bas-fonds contigus à ce port, mais qui sont très-visibles, excepté celui appelé Pegolino, à 3 encâblures à l'E. de la tête du môle, auquel un navire calant plus d'un mètre et demi devra avoir la plus grande attention.

Cap Peñas. — Ilot Gaviera.

A 3 milles 5/10 au N. 55° O. de l'îlot Baca de Luanco, on voit l'îlot Gaviera, situé à l'extrémité E. du cap Peñas. Ce cap présente au N., sur une étendue d'environ 1 mille, une série de falaises élevées, escarpées, blanchâtres, et de même hauteur. Entre ces deux îlots il y a une petite anse entièrement ouverte aux vents de N.-E., et où vient déboucher la rivière de Llumeres. Dans cette anse le fond est de mauvaise qualité, sable et roche.

Phare du cap Peñas.

Sur la hauteur et à l'extrêmité du cap Peñas on a établi un phare lenticulaire de première classe. Ce feu est tournant et à éclipses de 30″ en 30″. Il est élevé de 104 mètres et est visible à 20 milles par un temps clair.

Latitude 43° 42′ 20″ N.

Longitude 8° 9′ 47″ O. (de Paris.)

Ile Herbosa et bancs du cap Peñas.

Au N. 16° O., et à 5 1/0 de mille de l'extrêmité occidentale du cap Peñas, on trouve l'île Herbosa, qui est basse et entourée de roches ou petits ilots. Au N.-O. 1/4 O., au N. et au N.-E. du cap Peñas, se trouvent les bancs nommés Coños, Menendalbaros, Romanilla et Somos Llongos, qui s'avancent au large à des distances inégales, et sur lesquels la mer brise aussi inégalement. On peut établir en règle générale qu'un grand navire ne doit jamais passer à moins de 4 milles du cap Peñas.

Cap Negro. — Rivière de Aviles.

A 5 milles au S. 46° O. de l'extrêmité occidentale du cap Peñas, se trouve le cap Negro, situé à l'entrée de la rivière Aviles. L'intervalle compris entre ces deux points est une côte escarpée et bordée de roches; on y trouve les pointes des Arcas et de Llampero, avec des ilots à leur base. Ces deux pointes forment les extrêmités d'une anse au fond de laquelle on voit une grande plage de sable nommée Berdicio, qui est suivie dans le même intervalle du cap Cornoiro et de la pointe del Home. La rivière Aviles est si peu profonde et si étroite qu'elle est à peine fréquentée par quelques petits caboteurs.

Cap Vidio. — Baie de Pravia. — Cudillero. — Artedo.

Au S. 82° O., et à 15 milles du cap Negro, on voit le cap
Vidio, qui est de hauteur moyenne et taillé à pic. Entre
ces deux caps on rencontre : 1° les bas-fonds. Robello
et Amvales, sur lesquels il y a toujours une très-forte
houle; 2° la rivière et baie de Pravia, très-fréquentée
par les caboteurs qui chargent des bois de construction.
Cette rivière a une barre très-périlleuse qui oblige tous
les navires à prendre un pilote. On ne devra jamais essayer d'y entrer avec le jusant, par la difficulté qu'on
éprouverait à remonter le courant augmenté souvent par
les torrents qui descendent des montagnes voisines ; 3°
le petit port de Cudillero, qui ne peut guère être utile
qu'à des bateaux de pêche, et 4° la baie de Artedo, où
l'on a une bonne tenue sur un fond de 6 à 8 brasses sable dur. Cette baie est abritée des vents de S.-O. et un
peu de ceux de N.-O.; mais par ces derniers vents on est
très-tourmenté par la mer. Toute cette côte est bordée
par des écueils qui s'étendent à une petite distance du
rivage.

Cap Busto.

Au S. 80° O., et à 9 milles 1/2 du cap Vidio, on trouve le
cap Busto, élevé et escarpé, et du pied duquel part un
petit banc nommé la Moura, et qui se dirige à l'O.-N.-O.
A 1 mille 2/10 du cap Busto débouche la petite rivière de
Canceiro, et à l'E.-N.-E. de ce même cap, à .7/10 de mille,
on voit l'îlot Serron. Cet îlot, qui a la forme d'une pyramide, sert à faire reconnaître le cap Busto. La partie
de côte comprise entre les caps Vidio et Busto est très-
escarpée et parsemée de roches apparentes et d'autres
sous l'eau, qui se prolongent à peu de distance au large.

Pointe Mugeres.

A 3 milles 1/2 au S. 73° O. du cap Busto, se trouve la

pointe Mugeres qui forme l'extrêmité occidentale du port de Luarca, où ne peuvent entrer que de très-petits navires.

A 4 milles 1/2 au N. 76° O. de la pointe Mugeres, on trouve l'îlot Romanilla de Vega. Entre ces deux points la côte est de moyenne hauteur et escarpée. A 14 milles dans l'O. de l'îlot Romanilla, on voit celui nommé Orrio de Tapia. La côte comprise entre ces deux îlots est parsemée de roches; on trouve dans cet espace l'embouchure de quatre rivières qui forment les petits ports de Vega, Navia, Vivales et Porcia. Tous ces ports, dont l'entrée est obstruée par une barre, sont d'un accès difficile; cependant, malgré les difficultés qu'on y trouve, les caboteurs vont y charger des bois de construction.

A 3 milles 7/10 au S. 73° O. de l'îlot Orrio de Tapia, on trouve la pointe Rumeles qui est l'extrêmité occidentale du port de Rivadeo. Entre l'îlot et cette pointe il existe quelques petites anses impraticables, et c'est seulement à l'E. de la pointe Canlongo que les pêcheurs peuvent trouver un endroit pour tirer leurs bateaux à terre. Au milieu de l'intervalle qui sépare l'îlot de Tapia de la pointe Rumeles il y a les îlots Pantorgas et le banc las Muelas.

Le port de Rivadeo est la limite entre la principauté des Asturies et le royaume de Galice.

En terminant la description de la côte des Asturies, on doit avertir les navigateurs, que de toutes les côtes septentrionales d'Espagne, celle-ci est la plus dangereuse et celle dont ils doivent le plus se méfier à cause de l'infinité de bancs dont elle est semée. Ordinairement, la destination des grands navires leur fait tenir une route

qui les écarte de la côte beaucoup plus qu'il n'est nécessaire pour éviter les dangers ; mais on ne saurait trop
recommander aux caboteurs qui doivent aborder un des
ports de cette côte, de ne s'en approcher qu'avec les plus
grandes précautions , et de ne jamais tenter d'entrer
dans un port sans avoir à bord un pilote sur lequel il
puissent compter.

PORT DE RIVADEO.

(Voir le plan de ce port.)

Reconnaissance.

Depuis la côte Rumeles, la côte court au S.-O. et au S.,
et forme le port de Rivadeo. En venant du large, les montagnes Mondigo à l'O., et San Marcos à l'E., feront facilement reconnaître ce port. La première, très-élevée et
pointue, présente à son sommet un amas de pierres
blanches que l'on prend de loin pour un grand édifice;
l'autre est ronde, peu élevée, et on voit un ermitage à
son sommet.

Entrer à Rivadeo.

Pour entrer à Rivadeo avec un navire calant de 5 à 6
mètres, on suivra le milieu du canal jusqu'à ce qu'on se
trouve par le travers de la pointe Castrelios. De cet endroit on ralliera la côte O., et on ira mouiller à la hauteur du château de San Damian, ou même un peu plus
au S. par 5 brasses fond de sable. Le peu de largeur de
ce port oblige les navires de s'y amarrer à quatre. On devra se prémunir contre les vents de S. qui sont ordinai-
ment très-violents.

L'établissement du port est à 3 heures de l'après-midi.

Farallones ou petites îles de San Cyprian.

A 20 milles au N. 62° O. de la pointe de Rumeles, on
voit des îlots nommés Farallones de San Cyprian qui
laissent , entr'eux et la côte, un passage avec 13 ou 14
brasses fond de sable. Dans l'espace compris entre la

pointe Rumeles et ces ilots, on trouve les embouchures
des petites rivières Rilo, For, Fasouro et San Cyprian.
Ces rivières n'ont aucune importance, et c'est à peine si
pendant la pleine mer les embarcations peuvent y naviguer.

Mouillage de l'île Suela.

L'île Suela, qui est devant la dernière de ces rivières,
forme contre les vents de l'O.-N.O., à l'E.-N.-E. en passant par le S., un assez vaste et sûr abri pour permettre
à des navires de tout rang d'y aller mouiller dans un cas
forcé. On trouve à ce mouillage 3 ou 4 brasses fond de
sable et d'une bonne tenue.

Pointe Roncadoira. — Montagne Monsancho.

A 3 milles 3/10 au N. 74° O. de l'extrèmité N. des Farallones de San Cyprian, on trouve la pointe Roncadoira,
et à la moitié de la distance qui sépare ces deux points,
il y a l'embouchure de la rivière Portizuela, située au
pied de la montagne Monsancho. Cette montagne est
très-pointue au sommet et suffit, avec l'ilot Ansaron, à
faire reconnaître cette partie de la côte.

Pointe de Sainas et Maison de Signaux de Faro.

A 1 mille 1/2 au S. 80° O. de la pointe Roncadoira, on
trouve la pointe de Saiñas, et à 2 milles au S. 49° O. de
cette dernière, on trouve la pointe du Faro ; cette pointe
est située au pied de la montagne de ce nom et forme
l'extrèmité E. du port de Vivero. Sur la montage du Faro
on aperçoit une maison de Signaux.

Mouillage de Vivero.

(Voir le plan.)

Au N. 72° O., et à 1 mille de distance de la pointe de
Faro, on voit celle de Socastro qui forme, avec la précédente, l'entrée d'une baie qui se dirige vers le S. et
qu'on nomme baie de Vivero. Le plan particulier indique
que cette baie est très-saine, qu'il y a du fond et qu'on

peut y louvoyer en toute sûreté. Les relèvements indiquant le meilleur mouillage sont les suivants : l'extrêmité E. de l'île Quiemada par l'extrémité S. et E. de l'île
Gaviera, et la pointe du Puntal par les dernières maisons
au S. du village de Sillero. Par ces alignements on se
trouvera sur un fond de 5 brasses vase argileuse. Il est
nécessaire de s'affourcher E. et O. à cause des vents de
S. qui en été y sont très-violents, et aussi pour résister
à la mer de N. et de N.-O. qui y arrive très-grosse. Les
ancres tiennent tellement à ce mouillage, qu'il est nécessaire de les déraper de temps en temps si on ne veut
pas avoir trop de difficultés pour les déraper au moment
de l'appareillage.

Pointe de Ventosa.

Au N. 30° O., et à 2 milles de la pointe Socastro, se
trouve la pointe Ventosa. Entre ces deux pointes, la côte
forme une anse au fond de laquelle on voit une plage de
sable nommée San Roman. A 6/10 de mille au N. du cap
Ventosa, est l'île Conejara qui est haute et escarpée, et
qui laisse passage entre elle et la terre ferme.

BAIE DE BARQUERO ET ESTACA DE VARES.

(Voir le plan.)

Cap de Vares.

Au N. 38° O., à 2 milles 3/10 de la pointe Ventosa, on
trouve le cap de Vares, situé au pied de la montagne de
ce nom. Ce cap est élevé et escarpé, et forme avec la
pointe Ventosa l'entrée de la baie de Barquero ou de
Vares. Cette baie se dirige au S.-O.; les côtes en sont
très-saines et on peut les approcher de très-près. Le
fond y est de sable et offre une bonne tenue. On est dans
cette baie à l'abri des vents de S.-E., S.-O. et N.-O., mais
fortement tourmenté par la mer de N.-E. L'île Conejara
abrite très-peu. Quand on viendra prendre ce mouillage
on se règlera sur l'état de la mer et du vent pour mouil-

ler le plus à l'abri possible. Il a été jugé nécessaire de lever un plan particulier de cet excellent mouillage afin de rendre familier aux navigateurs l'usage d'un port peu connu. Cette baie offre une grande ressource pour les navires qui, par mauvais temps, se trouveraient sous le vent du cap Ortegal, et qui ne pourraient trouver sur cette côte d'autre port de relâche que Santander, dont nous avons dit les dangers pour y entrer par de gros temps. Si le secours d'embarcations était nécessaire on pourrait compter sur les bateaux pêcheurs du pays. Ce port est suffisamment pourvu d'eau et de vivres.

Pointe et Phare de la Estaca de Vares.

A 1 mille 6/10 au N. 72° O. du cap de Vares, se trouve la pointe de la Estaca, qui est haute et escarpée. C'est le point le plus septentrional de la côte d'Espagne, et qui est joint au cap de Vares par de hautes falaises.

Sur le sommet de la Estaca, et à 2 milles au S. de la partie saillante du cap, on a établi un feu tournant, avec éclipses, de 1' en 1'. Il est élevé de 95m au-dessus de la mer, et sa portée est de 20 milles.

Latitude 43° 47' 30" N.

Longitude 10° 1' 45" O. (Paris.)

Cap de los Aguillones.

Au S. 81° O., et à 7 milles de la pointe de la Estaca, se trouve le cap de los Aguillones, qui est haut et escarpé. Ce cap tire son nom d'une réunion d'îlots joints entr'eux, situés au N.-N.-O. de ce cap, et formant avec ce dernier un canal fort étroit. Entre la pointe de la Estaca et le cap de los Aguillones, on voit une baie de 4 milles de profondeur qui se dirige au S.-O. et au S.-S.-O., et dans laquelle vient déboucher la rivière de Santa Marta. Cette baie, très-large d'ouverture, ne peut être d'aucune utilité pour les navigateurs.

Cap Ortegal.

A 1 mille 6/10 au S. 81° O. du cap de los Aguillones, se trouve le cap Ortegal, situé par 43° 46′ 40″ latitude N., et 10° 9′ 22″ longitude O. (Paris). Ce cap est haut et escarpé.

A 1/2 mille dans le N. 1/4 N.=O., se trouve un bas-fonds. A 1 mille 4/10 au S. de ce cap et sur un point culminant de la côte, on voit une Tour de Signaux nommée la Capelada. En venant du large, cette tour fera facilement reconnaître le cap Ortegal.

Pointe de la Candelaria. — Maison de Signaux.

A 7 milles au S. 62° O. du cap Ortegal, on trouve la pointe de la Candelaria. La partie comprise entre ces deux points est escarpée et semée d'écueils. Auprès de la pointe Candelaria, on voit sur la montagne du même nom une Maison de Signaux qui peut servir de point de reconnaissance.

Pointe de Pantin. — Port de Cedeira.

(*Voir le plan particulier.*)

Au S. 31° O., à 3 milles de la pointe Candelaria, on trouve celle de Pantin, qui forme l'extrêmité O. du petit port de Cedeira. A l'extrêmité de cette pointe il y a l'île de Chirlateira qui en fait le prolongement, et du pied de cette île part une batture de roches qui se dirige vers le N. On voit aussi, marqué sur le plan particulier, un autre banc de 3 brasses de fond situé à 1 mille 1/2 au N.-N.-E. de cette pointe. Ce dernier banc a été placé d'après les indications des pêcheurs de l'endroit. Il est probable que ce danger n'est qu'une tête de roche, très-difficile à trouver par un beau temps quand la mer ne brise pas, car malgré toutes nos recherches il a été impossible de le rencontrer.

Port de Cedeira.

Le port de Cedeira ne peut être utile qu'à de petits navires, à cause de son peu d'étendue et du peu de fond qu'on y trouve ; cependant la tenue y est excellente et l'entrée est d'un accès facile. Pour venir prendre ce mouillage il suffit de ne pas trop s'approcher des côtes. Si l'on vient du N.-O. on devra passer à une encâblure 'et demie de l'extrêmité de la pointe de Pantin, afin d'éviter les roches nommées Meixonnes, qui se trouvent sur son prolongement, et l'on continuera à se tenir à cette distance de la côte jusqu'au moment où l'on aura doublé les Piedras Blancas, roches avancées sur la côte orientale de l'entrée. On gouvernera alors de manière à passer à une faible distance de la pointe Serreidal et, longeant la côte, on arrivera par le travers de la pointe Solveiras. De ce point on se dirigera sur le milieu de la plage que l'on voit à l'E. du port jusqu'au moment où l'on relèvera le mât du pavillon du château par la pointe de Pantin. On mouillera alors par 2 brasses 1/2 ou 3 brasses fond de sable. On s'y affourche habituellement N. et S., mais il est nécessaire de prévenir que la mer de N.-O. s'y fait fortement sentir et y est très-incommode pour les navires qui sont à ce mouillage.

Pointe Frouseiras.

Au N. 55° O. et à 6 milles de la pointe Pantin, on trouve celle de Frouseiras. Dans l'espace compris entre ces deux points il y a quelques criques et plages.

Cap Prior.

Au S. 50° O., à 6 milles de la pointe Frouseiras, on trouve l'extrêmité N. du cap Prior. Ce cap est formé par des falaises coupées à pic, formant un front d'un mille 1/4 d'étendue. La partie E. de ce cap est entourée de roches qui s'avancent dans la mer à une encâblure 1/2. La côte entre le cap Prior et la pointe Frouseiras n'offre de remarquable que le mont Campelo sur lequel il y a une Maison de Signaux ; il y a aussi quelques criques et quelques plages. Le mont Campelo est pointu et situé à peu de distance du rivage.

Du cap Ortegal jusqu'au cap Prior, on rencontre, à des distances inégales, le long de la côte, quelques plateaux de roches sur lesquels la mer brise toujours. On ne saurait être trop prudent en naviguant sur cette côte où les courants et la houle portent toujours vers la terre ; on devra donc toujours avoir le plus grand soin de ne pas se laisser affaler sur cette côte avec de faibles brises. Malgré cela on pourra, avec un vent frais, passer avec toutes sortes de navires à 2 milles du cap Ortegal.

Pour tous les points de cette côte, l'heure de la pleine mer, pendant la syzygie, est à 3 heures de l'après-midi, et la hauteur moyenne de la mer, aux mêmes époques, est de 5 mètres.

Le cap Prior est de moyenne hauteur, escarpé, et son sommet présente quatre arêtes distinctes. Il est reconnaissable aussi par deux plages de sable, l'une à l'E. et l'autre au S., qui, se rejoignant en arrière, font ressembler ce cap à une île. La plage de l'E. se nomme baie de Cobos et celle du sud plage de San Jurjo.

Phare du cap Prior.

Sur le sommet du cap Prior on a établi un feu fixe, élevé à 136 mètres au-dessus du niveau de la mer. Malgré cette élévation, il n'est cependant visible qu'à 15 milles au plus.

Latitude 43° 33′ 40″ N.

Longitude 10° 39′ 16″ O. (Paris.)

Etablissement à 2ʰ 56ᵐ.

Les Gaveyras.

A 3 milles au S 11° O. du cap Prior se trouvent deux ilots nommés Gaveyras. Ils sont élevés, escarpés et séparés de la côte par un canal de 1/2 mille de largeur, praticable seulement pour des bateaux.

Cap Prioriño.

A trois petits milles au S. 2° O. des îlots Gaveyras, on trouve le cap Prioriño qui forme la pointe N. de l'entrée du Ferrol. Entre ce cap et les îlots Gaveyras, il y a une grande plage de sable en avant de l'étang de Domiños. Le cap Prioriño est moins élevé que le cap Prior, ses abords sont très-sains, excepté seulement la partie du S. où on rencontre un bas-fonds situé à petite distance de terre. En arrière du cap on aperçoit une montagne appelée Monte Ventoso, reconnaissable par une maison de Signaux placée à son sommet.

Prioriño Chico.

Le cap Prioriño présente à l'O.-S.-O. un front de falaises taillées à pic, et s'étendant au S. à une distance d'un demi-mille en forme d'une muraille de fortification. Cette extrêmité S. du cap Prioriño se nomme Prioriño Chico et fournit un bon point de reconnaissance de l'entrée du Ferrol.

Phare du cap Prioriño ou du Ferrol.

Sur le cap Prioriño, à l'entrée de la baie du Ferrol, on a établi un phare lenticulaire de 4e classe, dont le feu est varié par des éclats rouges de 2 minutes en 2 minutes. Son élévation est de 28 mètres au-dessus du niveau de la mer, et sa portée est de 11 milles.

Latitude 43° 27' 50" N.

Longitude 10° 40' 32" O. (Paris.)

Ce phare a une importance réelle, pour assurer la reconnaissance de l'entrée de la baie du Ferrol, et il concourt avec celui de la Corogne à assurer la position et à éviter les dangers de cette côte.

PORT DU FERROL.

(Voir le plan particulier.)

Pointe et batterie de Segaño. — La Muela.

Au S. 80° E., et à 1 mille 2/10 de la pointe Prioriño Chico, on voit la pointe de Segaño, sur laquelle il y a une batterie. Cette pointe de Segaño forme l'extrêmité S. de l'entrée du Ferrol; elle est haute et escarpée. Auprès de cette pointe, il y a sous l'eau une roche appelée la Muela, sur laquelle il y a à peine une brasse d'eau de basse-mer; de grandes herbes marines qu'elle a à sa surface viennent alors flotter sur l'eau et font croire que c'est la roche elle-même que l'on découvre. Elle a d'étendue à peu près deux fois la longueur d'un canot de frégate ; elle est éloignée d'environ une demi-encâblure des grosses roches rondes qui forment la pointe de Segaño. Lorsqu'on entre ou qu'on sort avec des vents un peu près, cet écueil mérite la plus grande attention ; pour l'éviter, on devra observer les relèvements suivants :

Position de la Muela.

Quand on est sur la Muela, on aligne la pointe de Bispon par l'angle N.-O. de la caserne d'Infanterie (grand bâtiment carré situé sur une hauteur dans la direction du canal) et l'extrêmité O. de la pointe de Segaño par l'extrêmité O. de la pointe Coytelada. On devra bien se souvenir qu'il n'y a qu'une brasse d'eau sur ce danger, et qu'il faudra éviter de se trouver par les alignements ci-dessus.

Si en relevant les deux pointes Segaño et Coytelada l'une par l'autre, on alignait la chute de la montagne San Cristoval (près du fort San Felipe) avec la pointe de Bispon, on serait alors au N. de ladite roche par 5 brasses 1/2 de fond ; c'est le plus près qu'on puisse venir de ce danger. Si étant dans le même alignement, on n'amène la chute de la montagne San Cristoval que par l'angle S.-O. de la caserne d'Infanterie, on passera alors par un fond de 7 brasses 1/2 et on n'aura rien à craindre dudit danger. Entre la Muela et la pointe Segaño il y a un passage par 4 brasses 1/2 fond de roche et par lequel, dans un cas forcé, peuvent passer les petits navires.

Pointe et Château de San Carlos.

A un mille 8/10 à l'E. 5° N. du cap Prioriño Chico , se

trouvent la pointe et le château de San Carlos. De ce
point commence la partie resserrée de l'entrée du Ferrol, qui n'a en cet endroit que 3/10 de mille de largeur.
Entre le cap Prioriño Chico et cette pointe, la côte fuit
vers le N. et forme une baie au fond de laquelle on aperçoit une plage de sable nommée Cariño. Dans cet espace,
le long de cette côte, il y a trois batteries, celle de Vinas,
celle de Cariño au fond de la baie, et enfin celle de San
Cristoval.

Château San Felipe.—Pointe Bispon.—Baie de Serantes.

A 7/10 de mille à l'E. 16° 30' N. du château San Carlos,
on trouve le fort de San Felipe, dont les murailles sont
baignées par la mer. Ce château a une batterie à fleur d'eau
et plusieurs autres batteries supérieures qui dominent
complétement l'entrée. Au N. 70° 30' et à 6/10 de mille de
ce fort, on trouve la pointe del Bispon, où se termine la
passe étroite de l'entrée du Ferrol. De cette pointe, la
côte commence à se diriger au N.-E. à la distance de 2/3
de mille jusqu'au village de la Graña, où commence la
baie de Cerantes qui est grande, mais dans laquelle il y a
peu de fond.

Ville vieille du Ferrol.

A l'E. de la Graña, à 1/2 mille de distance, se trouve la
vieille ville du Ferrol, avec un petit môle, et à une encâblure à l'O. de ce môle, il y une grande roche coupée en
deux et qui découvre de basse mer. A l'E. de la ville on
voit l'arsenal royal. En continuant vers l'E., on trouve
une anse qui s'étend assez loin, mais dans laquelle il y a
peu de fond, car au S. de la pointe Caranza, qui n'est
qu'à 1 mille 1/2 du vieux Ferrol, on ne trouve plus que 4
brasses d'eau.

Château de San Martin.

A l'E. 14° N. de la pointe de Segaño, et à 1 mille 2/10 de
distance, on trouve sur une petite saillie de la côte S. le

château de San Martin. Cette partie de la côte forme avec celle qui s'étend sur le côté N. du château San Carlos à celui de San Felipe la partie la plus étroite de l'entrée du Ferrol. La largeur du canal est à peine en cet endroit de 2/10 de mille . A un demi-mille dans l'E. 25° N. du château de San Martin se trouve celui de la Palma et près de ce dernier la pointe Redonda.

A partir de cette pointe, la côte se dirige vers le S. en formant une petite anse, au fond de laquelle se trouve une plage nommée del Baño. A un demi-mille de cette plage on voit le village de Mugardos.

Pointe de Leyras.

A 2/3 de mille à l'E. 12° N. de la pointe Redonda on trouve la pointe de Leyras, et à 3/4 de mille à l'E. 14° S. de cette dernière, on trouve celle del Promontorio. A partir de là, la côte se dirige vers le S. et forme une anse qui se termine à une autre pointe nommée Seyxo; au fond de cette anse on voit une petite plage de sable. A partir de cette pointe la côte court à l'E. et au N.-E., jusqu'au fond de la baie où il y a peu d'eau.

Les deux côtés du port du Ferrol sont formés par de hautes montagnes.

Dangers à éviter pour entrer au Ferrol.

Les vents indispensables pour entrer au Ferrol sont ceux du S.-S.-O. au N.-N.-E., en passant par l'O. Avec n'importe lequel de ces vents, on doit se placer au S. du cap Prioriño, à un demi-mille de distance, ou moins si l'on veut ; (car à une encâblure du cap on trouve encore 10 à 12 brasses de fond). De ce point on se dirigera vers le milieu du canal, en ayant soin de rallier davantage la côte S. si le vent dépend du S.-S.-O. et la côte N. si les vents sont du N.-N.-O. Il ne faut pas oublier que de la pointe du château de San Felipe part une petite batture qui se prolonge à 32 brasses vers le S. et sur laquelle on ne trouve que 2 brasses 1/2 d'eau de basse mer ; 2° que sur la côte opposée la pointe du château se prolonge sous l'eau à une distance égale ; 3° qu'un autre petit banc sur lequel le fond varie d'une brasse à 2 brasses 1/2 part de la pointe Redonda et s'étend au N. et à l'E. jusqu'à environ 40 brasses. On trouve encore une roche sous l'eau sur la côte N., très-près de la pointe du Bispon. Ces détails sont indispensables à connaître lorsqu'on entre avec des vents un peu près ; mais avec des vents largues il n'y a aucune difficulté : il suffit de suivre le milieu du canal qui est sain et profond. Lorsqu'en entrant on aura dépassé la partie étroite du port, on pourra mouiller où l'on voudra, en observant toutefois que la meilleure manière de s'amarrer est d'affourcher S.-E. et N.-O. Pour cela, si l'on entre avec les vents de S.-O. ou en dépendant, il faudra laisser tomber premièrement l'ancre de babord, qui sera l'ancre du S.-E., et on fera le contraire lorsqu'on entrera avec les vents de la partie de N.-O. Le lieu où l'on mouillera et l'état de la marée pourront amener quelques modifications à ce qui vient d'être prescrit.

Plateau de roches au milieu de la baie.

Sur une ligne droite qui, partant de l'angle extérieur du môle de la darse, joindrait la pointe de Seixo et au tiers de cette ligne à partir du môle, il existe un plateau de roches sur lequel il n'y a que 5 brasses d'eau de basse mer. Ces roches, qui ne sont pas un danger pour le navire, en sont un pour les ancres et les câbles qui pourraient se trouver gravement endommagés pour les navires mouillés auprès de ce banc. Il est donc nécessaire de donner ici les relèvements qui indiquent la position de ces roches. L'extrémité E. de l'entrée de la darse, nommée ligne de Escollèra, un peu mordue par le moulin à vent qu'on aperçoit sur la partie la plus élevée de la ville, et la pointe du Bispon par le fond de la baie de

San Felipe ; ou par un chemin qui conduit du haut de la montagne San Cristoval au fond de cette baie ; ou bien encore par le mât de pavillon du parc d'artillerie par la chapelle du couvent de San Francisco de la Graña, édifice haut, bâti au centre de l'Y que forment les maisons de ce village.

Dans les marées aux approches des équinoxes, le courant se fait violemment sentir dans la partie resserrée du canal. Aussi il conviendra à cette époque, et même avec toutes les autres marées, d'effectuer l'entrée et la sortie une heure avant la pleine mer ou la basse mer, afin d'avoir toujours le courant de l'avant et de pouvoir mieux gouverner. Cette précaution est bonne à observer, surtout lorsqu'il y a beaucoup de navires qui se présentent à la fois à l'entrée du canal. Mais s'il n'y avait qu'un ou deux navires, il vaudrait mieux attendre que la mer soit étale. Néanmoins, avec un peu d'expérience, tout navire peut entrer ou sortir à la faveur de ces courants, et on a du reste la ressource de pouvoir mouiller partout dans le canal.

Dans les marées de syzygie, l'heure de la pleine mer est à 3 heures de l'après-midi et la hauteur de l'eau de près de 5 mètres. A l'époque des équinoxes ou par un fort coup de vent d'O., la mer monte de 50 centimètres en plus.

Mouillages hors du Ferrol.

Sur la côte intermédiaire entre les caps Prior et Prioriño, il y a quelques mouillages pour l'été et abrités pour les vents de N.-E., mais du tout pour ceux de N.-O. Ils se trouvent en face des grèves de Dominos, avec l'attention de s'éloigner assez des îles Gaveyras dont le fond est tout de roche aux alentours et jusqu'à quelque distance.

Mouillage dans la baie de Cariño.

Si on était avec des vents contraires à l'entrée du Fer-

rol, et qu'ils ne fussent pas très-frais, on pourrait avec
quelques bordées gagner la baie de Cariño où l'on peut
mouiller par 10, 12, 14 brasses et même plus, fond de
sable. On y sera abrité des vents de N.-E. et de N.-O.;
mais il faut bien choisir son mouillage pour pouvoir de
là facilement entrer au Ferrol aux premiers vents de
S.-S.-O. ou de S.-O. qui sont là les plus dangereux. S'il y
avait trop de vent pour qu'on puisse louvoyer, le plus
court serait d'aller relâcher à la Corogne et d'y attendre
le vent favorable.

BAIES D'ARES ET DE BETANZOS.

(Voir le plan particulier.)

La Marola.

Au S. 52° E. du cap Prioriño Chico, et à 1 mille et 3/10,
on trouve la pointe de Coytelada, qui est l'extrêmité N.
des baies d'Ares et de Betanzos. A 3 milles au S. 3° E. de
ce même cap Prioriño Chico, se trouve un îlot haut et
escarpé nommé la Marola, avec un autre plus petit et
tout auprès et à l'O. de celui-ci. Ces îlots forment avec la
pointe Coytelada, du côté opposé, l'entrée desdites baies
d'Ares et de Betanzos. Cette entrée est commune aux
deux baies ; seulement, celle d'Ares se dirige vers l'E. et
celle de Betanzos vers le S.-E.

Ilot, pointe et bas-fonds de Miranda.

A 2 milles 8/10 au S. 57° 30′ E. de la pointe Coytelada,
on trouve le grand îlot de Miranda près de la pointe du
même nom. Au S.-O. un bas-fonds de roches sur lequel il
n'y a qu'une brasse d'eau et où la mer brise fréquemment. Entre la pointe Coytelada et cet îlot, la côte est
haute et escarpée et forme un renfoncement vers le N. A
l'E. du même îlot et à la distance d'un mille, on trouve
la pointe et le château d'Ares, qui forme l'extrêmité occidentale de la baie de ce nom, dont l'îlot Camoco, à 1 mille
E. de cette dernière pointe, forme l'extrêmité orientale.

Cette baie a environ un 1/2 mille de profondeur vers le N., avec 3 brasses de fond vers le milieu. Dans la partie la plus occidentale de cette baie, on voit la ville d'Ares.

Château et baie de Redes.

A l'E. quelques degrés vers le N. de l'ilot Camoco, à 6/10 de mille, se trouve le château de Redes, à partir duquel la côte forme vers le N. une petite baie au fond de laquelle on voit la petite ville du même nom.

Pointe Leusada.

Au S. 35° E. de l'îlot Camoco, à 6/10 de mille, on trouve la pointe Leusada, qui forme l'extrêmité méridionale de l'embouchure de la rivière Puente de Humes, qui s'interne vers l'E. à un grand mille 1/2 jusqu'à sa barre.

Pointe Carbroeyra.

Au S. 20° O., à un mille 6/10 de la pointe Leusada, on trouve celle de Carbroeyra, qui fait l'extrêmité E. de la baie de Betanzos, et tout auprès de cette pointe il y a un petit îlot.

Pointes de Laurido et de San Amede.

A 2 milles à l'O. de la pointe Carbroeyra, on trouve la pointe Laurido, suivie immédiatement de celle de San Amede. Cette pointe est l'extrêmité occidentale de l'entrée de la rivière de Betanzos, qui s'interne vers le S.-S.-E. à environ 2 milles 1/2. Sur la côte occidentale de cette entrée se trouvent les petites villes de Sada et Fonta, et à deux encâblures au N.-E. de ce dernier village, la pointe et le château du même nom, et plus au S., à 1/3 de mille, la pointe et le château de Curbeiroa.

Pointe de Torrella.

A 2 milles 1/10 au N. 55° O. de la pointe Laurido, se trouve la pointe Torella. Entre ces deux pointes la côte forme un anse vers le S.-O. avec deux plages au fond, qu'on nomme l'une del Cirno et l'autre de San Pedro. Toute cette côte est escarpée et bordée de roches isolées.

Pointe del Dexo.— Ilot Marolina.

A un mille à l'O. 10° S. de la pointe Torella, on trouve
celle del Dexo, et à une encâblure au N.-N.-E. de cette
dernière, un îlot nommé la Marolina.

Au N. 60° O. de la pointe del Dexo, se trouve l'îlot Marola, dont il a déjà été question. Entre cet îlot et la côte,
il y a un passage dans lequel on trouve 6 à 7 brasses
d'eau, mais qui ne peut profiter qu'aux bateaux à rames
à cause du courant et de la forte houle qu'il y a toujours
dans ce passage.

Pointe del Seyxo Blanco.

A un grand mille à l'O.-S.-O. de la pointe del Dexo,
on trouve la pointe del Seyxo Blanco, qui est haute et escarpée. Elle prend son nom d'un filet de roche très-blanc,
qui ressemble à un chemin conduisant de haut en
bas de cette pointe et qu'on distingue de très-loin. La
côte entre cette pointe et celle de Torella est également
haute et escarpée.

Observations sur les baies et rivières d'Ares et Betanzos.

Les baies d'Ares et de Betanzos paraissent à première
vue offrir un bon port, mais quelques navires qui par
méprise y sont entrés croyant entrer au Ferrol, se sont
vus en grand danger de se perdre, exposés qu'ils étaient
au vent et à la mer. Aussi les divers mouillages de ces
baies ne sont-ils fréquentés que par des navires d'un
faible tonnage, qui mouillent à l'E. et au N.-E. du château de Fonta, sur fond de sable de 3 à 6 brasses. On
peut mouiller aussi à l'E. du château d'Ares par 4 brasses 1/2 même fond. Ce dernier mouillage est des plus
dangereux par des vents de S.

Les petits navires mouillent dans la baie de Redes par
2 brasses 1/2 fond de vase : ils sont là un peu plus abrités.

Si cependant un grand navire se trouvait par extraordinaire obligé de prendre un de ces mouillages, il pour-

8

rait le choisir à sa convenance, selon son tirant d'eau, le fond étant partout d'un bon ancrage, et les abords des côtes étant généralement sains, on devra se rappeler toutefois qu'au S. 57° O. du grand îlot de Miranda, il existe un banc de roche sur lequel à mer basse on ne trouve que 2 brasses 1/2 d'eau. Ce banc se trouve par l'alignement de la pointe del Dexo, par la tour d'Hercule (près la Corogne.) Entre ce banc de roche et la côte, la mer brise toujours quoi qu'il y ait cependant un fond de 8 brasses.

Marées.

La pleine mer, dans les jours de pleine lune ou de nouvelle lune, a lieu à 3 heures de l'après-midi, son élévation est de 3 mètres 30 centimètres dans les mortes eaux et de près de 5 mètres dans les marées vives. Le flot a sa direction à l'E. et le jusant à l'O. La rapidité du courant est de 3/4 de mille dans les marées vives et d'un demi-mille dans les marées mortes.

PORT DE LA COROGNE.
(*Voir le plan particulier.*)
Tour d'Hercule. — Phare de la Corogne.

A 5 milles et 3/10 au S. 30° O. du cap Prioriño Grande, on voit la tour d'Hercule, qui est quadrangulaire, très-élevée et en pierres de couleur sombre, ce qui empêche de la distinguer de bien loin en mer. Sur cette tour on a établi un nouveau fanal en remplacement de l'ancien, qui avait donné lieu à de nombreuses réclamations de la part des navigateurs (1). Ce nouveau fanal est un phare catadioptrique tournant, son élévation est de 101 mètres au-dessus du niveau de la mer. Son feu est varié par des éclats ; le feu fixe qu'on voit dans les intervalles est visible à 12 milles et les éclats à 20 milles. En dedans du rayon des 12 milles, le phare offre les aspects

(1) Comme il résulte d'une note publiée dans le 2ᵉ vol. des *Annales Maritimes de 1845.*

suivants : le feu fixe, affaibli pendant 107″, s'éclipse pendant 30″, l'éclat suit pendant 13″, puis encore l'éclipse pendant 30″, le feu fixe, et ainsi de suite. Au delà des 12 milles l'éclat n'a que 7″ de durée et est suivi d'une éclipse de 3′ pendant lesquelles la révolution s'accomplit et l'éclat se montre de nouveau.

Latitude 43° 22′ N.

Longitude 10° 43′ 55″ O. (Paris.)

Pointe Pradeyras.

La tour d'Hercule est située à 1 mille N.-O. 1/4 N. de la ville de la Corogne. Elle est d'origine très-ancienne ; elle a, dit-on, été réparée par Trajan et même par César. A l'E. de cette tour, à 2/3 de mille de distance, on trouve la pointe de Pradeyras, sur laquelle il y a une petite batterie de trois canons. Du pied de cette pointe part une batture de roches qui s'étend dans l'E., à une distance d'une petite encâblure.

Château San Antonio.

A un mille et 2/10 au S. 8° E. de la pointe de Pradeyras, se trouve le château de San Antonio, situé sur un rocher détâché de la côte. Ce rocher forme l'extrêmité N.-E. du port de la Corogne. A 60 brasses au S. du château de San Antonio, il y a plusieurs bas-fonds. Entre la pointe Pradeyras et le château San Antonio, il y a un groupe de petits îlots nommé el Pedrido. De ces îlots une batture de roches part et se prolonge à plus de 2 encâblures au N.-N.-E.; plusieurs des roches qui forment ce banc sont visibles à marée basse. A l'E.-N.-E. de ce banc, et à une encâblure 1/2, on trouve un autre danger sur lequel il y a 3 brasses d'eau. Ce dernier est le plus à craindre, car sa présence ne permet pas d'approcher des îlots El Pedrido à plus de 3 encâblures, pendant tout le temps qu'on les relève du S.-S.-O. à l'O.-S.-O.; aussitôt qu'on les relève de l'O.-S.-O. en allant vers l'O. et le N.-O., on peut s'en approcher jusqu'à jeter une pierre dessus.

Pointe et château du mont Mera.

A un grand mille 1/2 au N. 55° 16' E. du château de San Antonio, se trouvent la pointe et la batterie du mont Mera. Cette pointe est un peu plus élevée que celle du Seyxo Blanco et on voit une batterie aux 2/3 de sa hauteur. Le mont Mera est de couleur noirâtre, il forme l'extrémité N.-E. de la baie de la Corogne, et son prolongement à l'E. d'abord et au S. ensuite, forme les côtes de cette baie. On trouve sur ce parcours de côtes le château de Santa Cruz, à 2 milles au S. 57° E. de celui de San Antonio. Entre le château de Santa Cruz et le mont Mera, on voit une anse se dirigeant vers l'E., qui offre un bon mouillage par 8 ou 9 brasses fond de sable. On ne devra venir prendre ce mouillage que lorsqu'on sera dans l'impossibilité d'aller à la Corogne ou au Ferrol, car les vents de N. et de N.-O. y amènent une grosse mer avec laquelle on y est très-mal. Pour prendre ce mouillage, il faudra avoir l'attention d'éviter le banc la Tonina sur lequel, quoi qu'il y ait 11 brasses d'eau, la mer brise quand il y a forte houle. Les relèvements indiquant la position de ce banc, sont : la pointe N.-O. de l'île Canabal par le cap Prioriño Grande et l'ilot Portelo, situé au fond de cette anse, par l'ermitage de Mosori, qui est près du rivage.

Château de San Diego. — Bancs.

Au S. 20° O. du château de San Antonio, et à un grand demi-mille de distance, on trouve celui de San Diego. Ces deux châteaux forment l'entrée du port de la Corogne, dont la profondeur est de 2/3 de mille vers le N.-O. On doit prévenir qu'à une encâblure au N. du château de San Diego, il y a un petit banc sur lequel il n'y a qu'une brasse d'eau ; de plus, qu'au N.-O. 1/4 N. du même château et S.-O. 1/4 S. de celui de San Antonio, on trouve un autre banc sur lequel il y a 3 brasses d'eau, et enfin que depuis le château de San Antonio jusqu'au fond du port, la côte est bordée de rochers. Le mouillage le plus sain de cette rade est à partir du milieu du canal, en allant vers la côte S.-O.

<h3 style="text-align:center">Las Jascentes. — Le Basuril. — Banc Cabanes.</h3>

Au N. 77° O. de la pointe Seyxo Blanco, et au N. 48° E. de la tour d'Hercule, se trouve le centre d'un banc de roches qui s'étend pendant un mille du N.-E. au S.-O., et dont la profondeur sous l'eau varie depuis 6 brasses jusqu'à 19. Avec un gros temps du N. ou du N.-O., la mer brise sur toute l'étendue de ce banc. La partie la plus au S.-O. de ce bas-fonds se nomme El Basuril, et tout le restant Las Jascentes. Au S. 67° E. de la tour d'Hercule, et au N. 27° E. du château de San Antonio, se trouve le centre d'un autre bas-fonds nommé Cabanes, qui se prolonge dans cette dernière direction jusqu'à environ 3 encâblures, et sur lequel il y a de 9 à 12 brasses d'eau. Malgré la grande profondeur qu'on trouve sur ces bancs, la lame brise sur chacun d'eux quand la mer est grosse; aussi on ne saurait prendre trop de précautions lorsqu'on veut passer dans les canaux entr'eux et la terre. Nous donnons ci-dessous les relèvements qui, en indiquant la position de ces bancs, donneront par là le moyen de les éviter.

Relèvements indiquant la position de Las Jascentes.

On doit aligner la pointe de Seyxo Blanco par l'extrêmité N.-E. de quelques vieilles murailles formant deux paralléllogrammes l'un dans l'autre, et situés au sommet de la montagne la plus rapprochée de Seyxo Blanco. Ces deux alignements forment une ligne courant E. 1/4 S.-E. et O. 1/4 N.-O. Un autre relèvement, c'est de mettre le rocher La Cota, situé sur le sommet d'une montagne, par un autre rocher nommé La Nota, situé au N. de la tour d'Hercule, et qui s'en trouve éloigné d'une distance égale à la hauteur de cette tour. Ces deux points forment une

ligne courant S.-O. 1/4 O. et N.-E. 1/4. E. Ces deux relèvements indiquent la position de l'extrêmité O. des Jascentes. L'extrêmité E. de ce banc est déterminée par la
pointe du Seyxò Blanco, par l'extrêmité S.-O. des vieilles
murailles dont il a été parlé, et la tour d'Hercule par le
rocher La Cota.

Relèvements indiquant le banc Cabanes.

Pour déterminer la position du banc Cabanes, il faut
voir le fort de Dormideras un peu ouvert par la tour
d'Hercule ; cette tour se trouvant ainsi au S. et par l'alignement d'une grotte peu remarquable située au S.-E.
du fort et au N. d'une petite plage, la seule qu'il y ait sur
cette côte, et qu'on nomme de San Amaro. Une autre
remarque sera d'aligner le clocher de San Francisco par
la montagne Carboeyra. Ces relèvements indiquent l'extrêmité S.-O. du bas-fonds qui court au N.-E. et à l'E., à
la distance d'un quart de mille.

Entrer dans le port de la Corogne par des temps calmes.

Si on arrive devant la Corogne avec un beau temps et
des vents de N.-E. ou N.-O. qui sont largues, pour entrer
on se dirigera sur la pointe de Seyxo Blanco et sur le
mont Mera, jusqu'à découvrir le château de San Diego
par celui de San Antonio. Une fois là on n'aura plus rien
à craindre des écueils environnant les îlots El Pedrido,
et on gouvernera sur le château de San Diego de manière à passer à une encâblure de celui de San Antonio,
et une fois arrivé entre les deux châteaux, on prendra
le mouillage que l'on voudra. Pour une frégate ou un
vaisseau, le meilleur poste est lorsque le château de San
Antonio reste au N.-E. 1/4 N. par 6 ou 7 brasses fond de
vase. Avec de petits navires, il faut s'enfoncer davantage
dans le port, en ayant soin toutefois d'éviter certains
endroits dont le fond est tellement chargé d'herbes que
les ancres n'y mordent pas et qu'elles chassent par un
gros vent.

Entrer par un gros temps de N. ou de N.-O.

Si l'on voulait entrer à la Corogne par un gros temps de N. ou N.-O., le meilleur passage est entre la côte sur laquelle est la tour d'Hercule et le bas-fonds Las Jascentes. Il faut pour cela se mettre au N.-E. de la tour d'Hercule, et assez près d'elle pour en apercevoir le pied, que dans aucun cas on ne devra laisser couvrir, en s'approchant de la pointe Herminio qui en est au N. 36° E., à distance d'un mille 3/10. Les abords de cette pointe sont assez sains, et l'on pourra s'en approcher jusqu'à deux encâblures de distance. De ce point on gouvernera à l'E.-S.-E. avec le cap sur le mont Mera, jusqu'au moment où on couvrira le château de San Diego par celui de San Antonio; on gouvernera alors au S.-S.-O. en changeant la direction graduellement, de manière à passer à la distance indiquée plus haut du château San Antonio.

Passage entre Las Jascentes et la pointe Seyxo Blanco.

Si l'on veut passer entre Las Jascentes et la pointe de Seyxo Blanco (qui n'est pas un aussi bon passage que l'autre), on devra s'approcher de l'entrée du Ferrol jusqu'à se mettre au S. de la pointe Prioriño Chico, et à aligner la pointe del Segaño par l'ermitage de San Cristoval, situé dans la baie de Cariño. On fera cette route jusqu'à ce qu'on découvre le château de San Diego par celui de San Antonio, et en gouvernant alors dans ce dernier alignement, on continuera jusqu'à ce que l'on relève la pointe de Seyxo Blanco à l'E. Dans cette position, on n'aura plus rien à redouter des bas-fonds et écueils qu'on a signalés, et on gouvernera au S. jusqu'au moment de relever la batterie de Mera au N.-E. On mettra alors le cap sur le mouillage, en prenant les précautions sus-indiquées pour y arriver.

Observations générales.

Les marées sont à la Corogne les mêmes qu'au Ferrol.

On est dans l'habitude de s'affourcher dans ce port N. et S. Le peu de fond du port de la Corogne n'offre pas de grandes ressources pour les vaisseaux ou les gros navires ; mais les petits navires, jusqu'aux calaisons de 5 mètres, pouvant entrer plus avant dans le port, y sont parfaitement en sûreté.

Lorsqu'on vient à la Corogne ou au Ferrol, on doit avoir soin de ne pas s'engager de nuit dans les atterrages de ces ports, à cause des courants et des brumes qui, surtout en hiver, rendent très-douteuse la connaissance de la position du navire. Dans les temps de brume, on a dans le jour l'avantage d'apercevoir les plages de sable qui sont au pied des montagnes, tandis que celles-ci sont cachées dans la brume.

Quand on ne peut pas espérer de pouvoir entrer dans le port, le jour même de l'arrivée en vue et de sa reconnaissance, on doit gagner l'île Sizargas, ou même plus à l'O. si l'on veut, et passer la nuit à louvoyer sous cette île.

Courants.

Avec les vents de S.-O. les courants portent avec violence des îles Sizargas au cap Ortegal, et il est très-facile par ce fait de tomber sous le vent du Ferrol. Les vaisseaux ou les gros navires devront surtout porter leur attention à ne pas se laisser ainsi souventer, car dans ce cas il ne leur resterait plus d'autre ressource que d'aller atteindre le port de Barquero. Avec des vents de N.-E. on viendra se mettre à 2 milles du cap Prior, et de là on se dirigera sur le cap Prioriño, afin de mouiller dans la baie de Cariño si le vent n'était pas très-frais, et s'il ne permettait pas d'entrer à la Corogne. Dans les temps couverts il faudra avoir recours à la sonde pour assurer sa position, lorsqu'on se trouvera entre le cap Prior et les îles Sizargas.

Mont Penaboa. Ilots de San Pedro.

A 1 mille 4/10 au S. 64° O. de la tour d'Hercule se trouve
le mont Penaboa. Il est de hauteur moyenne, taillé à pic
et aplati sur son sommet. Entre la tour d'Hercule et la
pointe Penaboa il y a une petite anse bonne pour les pêcheurs seulement et nommée port de Santa Cruz (sur le
plan particulier anse d'Orsan). Du pied de la montagne
Penaboa, en allant vers l'O., se trouvent trois ilots qui
longent la côte et que l'on nomme ilots de San Pedro.
Tout autour de ces ilots il y a plusieurs roches sous l'eau.

Pointe Langosteira. — Mont San Pedro.

A 2 milles 1/2 au S. 60° O. de Penaboa se trouve la
pointe Langosteira, et au-dessus de cette pointe le mont
de San Pedro qui est rond et de moyenne hauteur. A l'E.
et à l'O. de cette pointe la côte forme baie et les plages
en sont saines.

Port de Cayon.

Au S. 60° O. de la pointe Langosteira, à 5 milles, se
trouve le petit port de Cayon, au pied du mont Samon ;
ce port est bon seulement pour les pêcheurs. Le mont
Samon va de l'E. à l'O. ; il est très-élevé et uni à son
sommet.

Plage et banc de Baldayo.

A 5 milles au S. 79° O. du port Cayon se trouve le milieu de la plage de Baldayo. On voit à cet endroit un petit ilot à très-faible distance de terre. Au N. de cet ilot, et
à un mille de distance, il y a une batture de roches qui
s'étend du N. au S. pendant environ 2 milles, et qui s'appelle récif de Baldayo. De basse mer, sept des roches qui
forment cette batture montrent leur sommet au-dessus
de l'eau, et à marée haute celle du centre seulement est
apparente. Par les vents de S.-O. on peut passer entre ce
banc et la terre ; le canal a un demi-mille de largeur
avec 16 brasses de fond ; dans un cas forcé, des vais-

seaux pourraient y passer. Tout le reste de la côte est
sain, les terres sont élevées.

El Pego.

Au S. 77° O., à environ 2 milles de Cayon, on trouve
le bas-fonds nommé El Pego, sur lequel il n'y a que 5
brasses de fond .Ce banc, annoté ici d'après les renseignements fournis par les pilotes, n'a pu, malgré les recherches faites, être relevé exactement pour en fixer la
position d'une manière positive.

Malpica.

A 3 milles au N. 64° O. de l'extrémité de la plage de
Baldayo, on trouve le port de Malpica. Entre ces deux
points, la côte est élevée et inabordable. Dans l'intérieur,
un peu à l'E., on aperçoit le mont Némio, qui est isolé et
le plus élevé de toute cette côte. Le port de Malpica est
formé par une pointe de terre élevée qui se prolonge à
environ 2 encâblures à l'E. et qu'on nomme l'Atalaya. Au
S. de cette pointe il y a une petite calanque, dont profitent les bateaux de pêche. Le fond de cette calanque
étant de roche, les pêcheurs tirent leurs bateaux à terre
quand la mer est grosse. Au N. de l'Atalaya il y a une
plage très-apparente qui peut servir de reconnaissance
pour arriver à Malpica.

Pointe San Adrian.

Depuis Malpica, le mont Boa s'élève en prenant sa direction du N. au S., et la base de ce mont s'avance dans
la mer et forme la pointe de San Adrian. Cette pointe
présente un fond escarpé de 2 à 3 encâblures de déve-
loppement, et elle est bordée de quelques îlots, se dirigeant de l'E. à l'O. à peu de distance de terre.

Iles Sizargas.

A 2 milles 1/2 au N. 42° O. de la Atalaya de Malpica, se
trouve la partie la plus O. de l'île Sizargas et au N. 27° O.

de la même pointe et à 2 grands milles, se trouve l'extrêmité orientale. De cette île le cap Prior reste au N. 62° E. à 20 milles, et l'extrêmité N. du banc de Baldayo à 6 milles au S. 72° E.

L'île Sizargas n'est une que pendant la basse mer ; de pleine mer, elle forme trois îles. La partie de l'O. est la plus grande, ronde, unie à son sommet et de hauteur moyenne ; elle a environ 1/3 de mille de diamètre ; sa partie N. est un peu plus élevée que l'extrêmité S., mais de tous les côtés elle est taillée à pic. La seconde, nommée Malate, est à l'E. de la première. Ces deux parties sont tellement rapprochées l'une de l'autre, que des bateaux seulement peuvent profiter du passage que la pleine mer y forme ; elle est comme l'autre, haute et escarpée du côté N. et basse dans sa partie S. Au milieu de cette île Malate, on voit une coupure qui la divise en deux et qui permet à l'eau de passer des deux côtés pendant la pleine mer. La partie S. se nomme Isla Chica et celle du N. Isla Grande ; entr'elles deux, l'ouverture a 2 encâblures de large ; de sorte qu'il y aurait un bon mouillage abrité des vents de N.-E. et N.-O. si le fond n'était pas de roches ; il y a bien quelques plateaux de sable, mais ils sont de très-peu d'étendue. Le fond varie de 6 à 10 brasses.

Bas-fonds aux envions de Sizargas.

A l'O.-S.-O. de l'Isla Grande, et à 2 encâblures, on trouve un grand banc de roches nommé Carreyra, sur le sommet duquel il n'y a que 3 brasses 1/2 de fond ; tout autour il a 6 et 8 brasses, et néanmoins la mer y brise à la moindre houle.

Au N.-O. de l'extrêmité N. de cette même Isla Grande, à 2 encâblures, on trouve un autre banc qui est presque hors de l'eau, et à un mille au N. on trouve un autre banc de roche nommé el Cuervo, sur lequel il y a 6 brasses de fond.

A un demi-mille au N.-E. de l'île Malate, on trouve un autre banc sur lequel il y a 8 brasses et qui porte le même nom que l'île.

A l'E. de l'Isla Chica, on trouve encore un banc de roche qui s'étend à une encâblure à l'E.

Un autre banc part de la pointe S. de l'Isla Chica et se dirige pendant 2 encâblures vers la pointe San Adrian. L'extrêmité de ce banc forme, avec les îlots de la pointe San Adrian, la partie la plus étroite du canal qui existe entre l'île Sizargas et la terre, et qui n'a pas plus d'une encâblure 1/2 de largeur.

Connaissant la position de ces divers bancs, il est bon de savoir que, dans un cas forcé, tout navire peut passer entre l'île Sizargas et la pointe San Adrian, en manœuvrant pour cela de la manière suivante :

Passer entre Sizargas et la terre.

Si en venant de l'O. avec des vents d'O. ou de N.-O. on était forcé de passer par ce canal, on se placerait de manière à relever au S.-E. l'extrêmité S. de l'Isla Grande, et gouvernant sur cette pointe, on s'en approcherait jusqu'à environ une demi-encâblure. A cette distance de la pointe, le fond varie de 15 à 16 brasses, et on n'a plus à redouter le banc de Carreyra et celui qui existe au N.-O. de l'extrêmité septentrionale de l'Isla Grande. De ce point on se dirigera sur l'extrêmité E. de la pointe de San Adrian. Dans ce trajet on trouve toujours la même profondeur d'eau jusqu'à une demi-encâblure de cette pointe où il n'y a plus que 8 à 9 brasses. Arrivé à ce brassiage on gouvernera à l'E., et on passera ainsi entre la pointe de San Adrian et le banc qui part de l'Isla Chica. A peine aura-t-on fait quelque chemin à cette aire de vent qu'on sera débarrassé de tous les dangers, et on pourra tenir alors la route que l'on voudra.

Si on venait de l'E. avec des vents d'E. ou de S.-E, et qu'on soit aussi forcé de passer par ce canal, il faudrait

s'approcher à une demi-encâblure de l'extrêmité E. de
la pointe San Adrian, et arrivé par le travers de cette
pointe, se diriger de manière à passer à une égale distance de l'extrêmité S. de l'Isla Grande. Après avoir couru
au N.-O. pendant un mille, on n'aura plus rien à craindre des dangers, on sera libre de faire route où l'on voudra.

Il est bon de se souvenir que dans ce passage les courants sont très-rapides et qu'ils portent de l'O. à l'E.
pendant le flot et dans la direction opposée par le jusant.
Il est bon aussi de savoir que lorsque la mer est grosse,
elle brise dans toute l'étendue du canal, et qu'elle présente alors les plus grands dangers même aux plus petits
navires.

Phare de Sizargas.

On a établi sur le deuxième sommet au N. de la partie
O. de l'Isla Grande, un phare lenticulaire de quatrième
classe. Son feu est varié par des éclats rouges de 4' en 4'.
Il est élevé de 111 mètres au-dessus du niveau de la mer.
Par son élévation il devrait être visible à une distance
de 20 milles, mais réellement il n'est visible qu'à 12 ou
13 milles.

Latit. 43° 21′ 50″ N. ; long. 11° 10′ 12″ O. (Paris.)

Pointe de Nerija. — Port de Avarizo.

Au S. 52° 30′ O., à 3 milles 1/2 de l'Isla Grande de Sizargas, et à même distance au S. 72° O. de la pointe San
Adrian, on trouve celle de Nerija. Cette pointe est d'une
hauteur moyenne et escarpée. Elle se prolonge sous l'eau
à une encâblure 1/2. A l'E., et à une petite distance de
cette pointe, on trouve le petit port de Avarizo dans lequel les caboteurs trouvent un excellent abri, mais les
plus petits navires seulement, et encore sont-ils obligés
de s'enfoncer le plus possible au fond de la baie et de
mouiller par très-peu de fond. Pour atteindre ce mouillage ils devront rallier la côte O. qui est très-saine.

Pointe de Miniños.

Depuis la pointe Nerija, la côte forme une anse dans la direction du S. avec une plage au fond, mais qui n'offre aucun abri. Après cette anse, la côte est bordée de rochers et presque inabordable pendant 1/4 de mille jusqu'à la pointe Miniños, qui est située à 3 grands milles au S. 53° O. de celle de Nerija. A un 1/2 mille au N.-N.-E. de cette pointe, on trouve un groupe de roches nommé los Ambruillas.

Pointe et roches de Roncudo.

Au S. 53° de la pointe de Nerija, et à 4 milles 1/2, on trouve celle de Roncudo, qui est de moyenne hauteur et formée par la base d'une montagne qui porte le même nom. Cette montagne est très-élevée et son sommet présente plusieurs petites éminences qui de loin ressemblent à des édifices. Cette pointe forme l'extrêmité N.-E. des baies de Corme et de Laxe. De la pointe Roncudo part une batture de roches d'environ 3 encâblures, ayant sa direction à l'O. 1/4 N.-O. et dont l'extrêmité est toujours hors de l'eau et se nomme roche del Roncudo. Au N.-O., au N. et à l'O. de ce rocher, on peut l'approcher jusqu'à 1/2 encâblure, il y a de l'eau pour toute espèce de navire, on trouve de 7 à 15 brasses fond de roche.

A l'O. 1/4 S.-O. de la pointe Roncudo, et à une encâblure de la pointe du même nom, il existe un bas-fond sur lequel on ne trouve que 3 brasses d'eau.

Baie et ports de Corme et de Laxe.

Depuis la pointe del Roncudo, la côte est haute et escarpée pendant 2/3 de mille au S. 36° E., d'où elle incline ensuite un peu plus vers l'E. jusqu'à la pointe de Cha, qui est peu élevée et qui se prolonge sous l'eau jusqu'à une encâblure au S.-O. Entre la pointe del Roncudo et celle de Cha, on trouve plusieurs bancs à distance d'une encâblure de terre. Depuis la pointe de Cha, la côte conlinue à l'E. escarpée jusqu'à la pointe de l'Atalaya de Corme, qui est auprès de la ville de ce nom ; elle court ensuite vers l'E.-N.-E. en formant une anse peu profonde qu'on nomme le port de Corme. Au fond de cette anse, il y a trois petites plages nommées : la première et la plus petite, Arnuela; la deuxième, Hornos; et la troisième, qui est la plus grande, de la Estrella ; à chacune de ces plages il y a des ruisseaux qui peuvent approvisionner d'eau une escadre entière. A l'extrémité de la plage de Estrella, il y a une petite île difficile à reconnaître parce qu'elle se confond avec la côte ; elle a une chapelle dédiée à Nuestra Señora de la Estrella. Depuis cette île, la côte suit au S. haute et escarpée jusqu'à la pointe de Canteyro ; entre ces deux points on trouve la petite anse de Rio de Cobos.

Mont Blanc. — Rivière de Cuandas ou de Puente Seco.

De la pointe Canteyro commence une plage qui s'étend jusqu'au fond de la baie d'où s'élève une montagne dont le sommet se termine en pointe. Depuis le milieu de sa hauteur jusqu'à son sommet cette montagne est couverte de sable blanc, qui sert de reconnaissance quand on vient du large; elle est nommée Monte Blanco. Du pied de cette montagne part une pointe de sable très-basse qui se dirige au S.-O. et va presque s'unir à la côte S. Néanmoins, elle laisse de pleine mer un passage qui permet aux petits navires d'entrer dans la rivière de Puente Seco, qui est assez profonde. Cette rivière, dont le cours va du N.-E. au S.-O., offre un bon abri contre tous les vents aux navires qui peuvent y entrer. Avant d'arriver à cette pointe de sable il y a une petite île de roche, basse, et qu'on nomme La Tiñosa.

Pointe et port de Laxe.

Au S. 24° O. de la pointe del Roncudo, et à 2 milles 2/3 de distance, on trouve la pointe de Laxe qui forme l'extrêmité S.-O. de cette grande baie ; elle est haute et se termine en pointe basse. De l'extrêmité de cette pointe part un bas-fonds qui se dirige à l'O.-N.-O. et d'une étendue de deux encâblures. Au N.-E. de la même pointe il y a un autre bas-fonds qui s'étend à une encâblure.

Au S. 67° E. de la pointe de Laxe, à un demi-mille de distance, on trouve la pointe de Chans, où commence le port de Laxe qui s'interne à un demi-mille au S. Au fond de ce port on voit une belle plage très-saine au N. de laquelle se trouve la petite ville de Laxe qui reste au S. 34° 30' et à une lieue du port de Corme.

Au S. 77° E. de la pointe de Laxe, et à 1 mille 1/2, se trouve celle del Caballo, qui est haute et escarpée. Elle forme l'extrêmité S. du port de Laxe. Entre la pointe del Caballo et l'île Tiñosa, citée plus haut, la côte est escarpée, et on n'y rencontre qu'une petite plage nommée San Pedro.

En outre des bas-fonds déjà signalés dans la baie de Corme, il existe au S. 50° O., et à 1 mille de l'Atalaya de Corme, un banc de roches sur lequel il n'y a que de 4 à 6 brasses d'eau et nommé la Averia. A 2 encâblures au N. de la plage de San Pedro il y a un autre banc de roches sur lequel il y a très-peu d'eau.

Pour aller mouiller dans le port de Corme avec des vents de N.-E., il faudrait s'approcher à une encâblure de l'îlot del Roncudo et de là, se diriger sur l'île Tiñosa, au fond de la baie. Cette route fera passer à distance convenable de terre et en dehors de tous les dangers jusqu'à la pointe de Cha. Quand on relèvera cette pointe au N.-E. on lofera et on prolongera la bordée jusques dans la baie de Rio Cobos. Si le vent permet de louvoyer, on peut le faire entre l'île de la Estrella et la pointe de l'Atalaya, en ayant soin de ne pas s'approcher à plus d'une encâblure de l'une ou de l'autre côte. En deux ou trois bordées on pourrait gagner ainsi jusqu'au fond de la baie en face des plages Hornos ou de Arnuela , on pourra mouiller par 7 à 8 brasses fond de sable. On devra s'amarrer avec une ancre au S. et une amarre à terre dans le N. On serait ainsi à l'abri de tous les vents, même de celui du S. qui est le plus dangereux et qui par conséquent demande les meilleures amarres.

Si le vent était trop frais pour qu'il soit possible de louvoyer, on pourrait mouiller dès qu'on apercevrait la ville de Corme ; on sera alors sur un fond de bonne tenue, ce qui n'aurait pas lieu si on mouillait avant d'apercevoir la ville, et on serait sur un fond entièrement de roche.

Si les vents étaient largues, on n'aurait pas besoin de tant s'approcher de la côte N., mais seulement de se diriger par le milieu du canal sur le mouillage indiqué, en ayant soin d'éviter le banc de roches Averia à 1 mille S. de la pointe Roncado, et sur lequel la grosse mer brise , quoiqu'il y ait 6 brasses d'eau.

Si on était avec les vents d'E. ou de S.-E., on serait obligé de louvoyer ; ce qu'on peut faire dans toute la baie en ayant soin d'éviter les dangers signalés. De même, si on voulait entrer avec un gros temps de N.-O., on ne devrait pas craindre de donner dans la baie, quoiqu'on y voie la mer briser de tous côtés. On ne doit craindre que le bas-fonds qui existe au milieu de la baie. Dans l'un ou l'autre cas on se dirigera de la manière indiquée au mouillage où, avec de bonnes amarres, on sera en sûreté.

Mouillage de Laxe.

Si on voulait mouiller à Laxe, on suivrait le milieu du port, et quand la pointe del Caballo s'alignera avec le mont Blanc, on mouillera par 8 brasses sur un fond dégagé de roches. Les petits navires pourront s'enfoncer davantage en mouillant par 4 ou 5 brasses.

Ce port est moins abrité que le port de Corme. En hi-

9

ver, il faudrait autant que possible les éviter tous les deux, mais si on était forcé , il vaudrait mieux encore choisir celui de Corme.

On trouve à Laxe de quoi approvisionner d'eau toute une escadre.

Pointe de Catasol.

A 1 mille au S. 39° O. de la pointe de Laxe, on trouve celle de Catasol, qui est haute, de couleur sablonneuse, et entourée à peu de distance de bancs et d'îlots. Entre ces deux pointes la côte forme une anse nommée Area Brava de Suesto. A l'O. de celle-ci il y en a une autre nommée Area Brava de Grava.

Port de Camello.

Au S. 62° O. de la pointe Catasol, et à 2 milles 1/2, on trouve le port de Camello, mauvaise petite calanque peu profonde et avec des bas-fonds à l'entrée. Quelques bateaux à peine peuvent y trouver un abri.

Cap Veo.

Depuis le port de Camello, la côte suit à l'O. un peu au N. jusqu'au cap Veo, situé à 3 milles de distance. Ce cap est formé par la base d'une montagne très-élevée nommée Monte Veo, dont le sommet est entremêlé de roches et de masses de sable blanc qui la font apercevoir de très-loin en mer. Cette montagne sert de reconnaissance pour le port de Camariñas au S. et pour celui de Corme au N.-E. Il y a au N.-O. de cette pointe quelques îlots et bas-fonds qui restent relevant la pointe Roncudo au N. 57° E. et à 8 milles 1/2 de distance.

Cap Trece. — Baleas de Tosta.

Au S. 66° O., et à 10 milles de la pointe de Laxe, on trouve le cap de Trece, qui est bas et rocheux et entouré d'îlots et de roches sous l'eau, qui se prolongent à un 1/2 mille. Ces îlots se nomment Los Baleas de Tosta. A peu de distance s'élèvent des montagnes hautes et escarpées qui s'unissent au Monte Veo et s'étendent jusqu'au port Camello.

Cap Villano. — Phare.

Au S. 44° O,, et à 2 milles 3/10 du cap Trece, se trouve le cap Villano, qui est rocheux, coupé à pic et de moyenne hauteur. Ce cap est remarquable par un autre piton très-rapproché et formé de roches de couleur rougeâtre, qui se termine en pointe très-aiguë qui de loin ressemble à une tour. Si on était trop éloigné pour distinguer ce piton, une grande tache couleur de sable située à l'E. et à mille 1/2 de ce dernier, pourrait servir de reconnaissance. Cette partie de sable est à petite distance de la pointe de Trece.

Sur l'extrêmité du cap Villano il a été établi un phare lenticulaire de 4e classe; c'est un feu fixe élevé de 69 mètres au-dessus du niveau de la mer. Sa portée est de 10 milles.

Latit. 43° 9′ 50″ N. Long. 11° 32′ 20″ O. (Paris.)

Banc de Bufardo.

Au N.-O., et à une encâblure 1/2 du cap Villano, se trouve le banc de Bufardo. C'est un écueil formé par plusieurs pics de rochers sous l'eau, et sur lequel les lames brisent à la moindre mer. Tout autour de ce banc, qui a très-peu d'étendue, on trouve beaucoup de fond; on peut passer entre ce banc et la côte en toute sécurité.

BAIE ET RIVIÈRE DE CAMARIÑAS.

(Voir le plan particulier.)

Le cap Villano forme l'extrêmité N. de la baie de Camariñas. A 1 mille au S. de ce cap on voit la pointe del Cuerno qui est basse, et auprès de laquelle il y a quelques bancs qui se prolongent jusqu'à une encâblure dans l'O. Plusieurs de ces bancs paraissent hors de l'eau et sont tellement taillés à pic du côté de l'O., qu'à leur pied on trouve assez de fond pour toute espèce de navires.

Au S. 20° E., à 1 mille 1/2 de la pointe del Cuerno, on voit, au sommet d'une montagne ronde, une chapelle nommée Nuestra Señora del Monte. On ne doit pas s'approcher de cette montagne, parce qu'à mi-distance entr'elle et la pointe del Cuerno il y a un bas-fonds situé à 1 encâblure 1/2 de la côte, et qu'au pied de ladite montagne il y a très-peu de fond jusqu'à une encâblure au large.

Pointe de Castillo Viejo.

A 3/4 de mille au S. 40° E. de la chapelle del Monte, on trouve la pointe de Castillo Viejo (Château Vieux), qui est basse et saine. On aperçoit encore les ruines d'un vieux château. Au N. 80° E., à 1/3 de mille de cette pointe, on trouve celle de Castillo Nuevo (Château Neuf). C'est un fort armé de 18 canons, et établi sur cette pointe pour la défense du port. On ne devra pas s'approcher de cette pointe, le fond y est de roches et semé de bancs, et parce qu'à distance d'une encâblure et demie on ne trouve que 3 brasses d'eau. Au N. de cette pointe, et à peu de distance, on trouve la petite ville de Camariñas, où il y a un petit môle où pendant la pleine mer les bateaux vont accoster ; de basse mer, ils restent à sec. Le mouillage ordinaire est au S.-E. ou à l'E.-S.-E. du môle pour toutes sortes de navires par 5 ou 6 brasses fond de vase. Au N.-E. du môle on voit une crique très-étroite, profonde d'environ 1 mille, et où il y a fort peu d'eau et un fond entièrement de vase. Au S., à faible distance de cette crique, il y a la petite rivière Puente del Puerto, qui a une barre de sable à son embouchure.

Pointe Merejo.

Au S., à 1 grand mille de la pointe du Château Neuf, on trouve celle de Merejo avec les ruines d'un château à son sommet, et en arrière le village de Merejo. Cette pointe est haute et escarpée. La côte comprise entre cette pointe et la rivière citée est saine, et on y trouve deux plages dont la plus grande se nomme Arenal de Lagos.

Pointe de Chorente et Banc.

Au S. 30° O. de la pointe du Château Neuf, à 1 mille 2/10, on trouve la pointe de Chorente qui est très-élevée, grosse et taillée à pic, et formée par une petite colline terminée en forme de pyramide conique. A 2 encâblures 1/2 au N. de cette pointe,'on trouve un bas-fonds nommé La Higuera, qui n'a que la longueur d'une chaloupe, et sur lequel il n'y a qu'une brasse d'eau. Entre les pointes de Chorente et de Merejo il y a une baie que l'on nomme anse de Merejo, saine, avec 3 à 4 brasses fond de sable, d'une bonne tenue, et dans laquelle débouchent deux petites rivières.

Pointe de Cruces. — Village de Mujia.

A 8/10 de mille au N. 70° O. de la pointe de Chorente, on trouve le village de Mujia sur une plage d'une petite anse dans laquelle il n'y a à craindre que quelques roches contre la côte.

Au N. de ce village on voit une montagne élevée et plane à son sommet, et dont la chute du côté N. s'avance dans la mer et forme la pointe de Cruces près de l'extrémité de laquelle on aperçoit une chapelle dédiée à Nuestra Señora de la Barca. La pointe de Cruces forme l'extrémité S. de la baie de Camariñas ; elle est entourée de roches à fleur d'eau à très-faible distance. A 1/3 d'encâblure de ces brisants on trouve 12 à 14 brasses fond de roches. A 2 encâblures au N. 27° O. de Nuestra Señora de la Barca, il y a un bas-fonds nommé Peneiron ou Moador.

Bancs Las Quebrantas.

En face l'entrée de la baie de Camariñas il y a quelques bas-fonds dangereux nommés Las Quebrantas. C'est un banc de rochers tendu du N.-O. au S.-E. sur une longueur d'un demi-mille. On le divise en Quebranta Grande et Quebranta Chica. La Quebranta Grande est le plus en dehors ; elle est située à 1 mille 1/4 au S. 43° O.

du cap Villano, à 1 mille 4/10 au N. 69° O. de la chapelle del Monte, et à 1 mille 8/10 au N. 18° O. de celle de Nuestra Señora de la Barca. Les alignements pour préciser la position de ce banc sont la pointe del Castillo Viejo par celle de Lagos (au fond de la baie) et la pointe de Buytre par le monticule de la Fuente de las Yegas. Ce monticule est situé au delà du cap Toriñana ; c'est la première terre élevée que l'on aperçoit au delà de la plaine, en arrière de ce cap. Sur le banc Quebranta Grande le fond varie depuis 7 brasses 1/2 jusqu'à seulement 3 brasses, excepté à l'extrêmité N. de ce danger où de basse mer on voit hors de l'eau une roche ressemblant à une bouée. La Quebranta Chica est à l'extrêmité S.-E. de ce banc ; on y trouve 5 brasses d'eau, et la lame brise dessus avec très-peu de mer. Quand la mer est grosse, elle brise sur toute l'étendue du banc. Le Quebranta Chica est à 1 mille au N. 82° O. de la chapelle Nuestra Señora del Monte et à 1 mille 1/3 au N. 14° O. de celle de Nuestra Señora de la Barca. Les relèvements qui précisent la position de ce banc sont : la pointe de Castillo Viejo par quelques pierres blanches que l'on voit sur une montagne de la côte S.-E. du port et dominant la pointe de Lagos ; et la pointe de Buytre par l'extrêmité de la terre haute du cap Toriñana, au point où la côte commence à s'abaisser jusqu'au monticule de la Fuente de las Yegas.

Autre banc.

A 1 mille 1/2 à l'O. de la Quebranta Grande, il y a un autre petit banc de roches avec 6 brasses de fond, et sur lequel néanmoins la mer brise quand il y a gros temps de dehors.

Entrer dans le port de Camariñas. — Mouillage.

Pour entrer à Camariñas, si le vent est E. ou N.-E., il faut s'approcher du cap Villano, tout en ayant soin d'éviter le banc El Bufardo. (On sait qu'il est possible de passer entre ce banc et la côte, mais dans un cas exceptionnel seulement.)

Arrivé à peu de distance au N.-O. du cap Villano, on gouvernera directement sur la chapelle Nuestra Señora de la Barca, et l'on passera ainsi très-près des brisants de la pointe del Cuerno, que l'on peut approcher sans danger. Dès qu'on aura dépassé ces dangers, on gouvernera de manière à passer à 2 encâblures de la pointe Nuestra Señora del Monte, et aussitôt après on lofera jusqu'à porter sur la pointe du Castillo Viejo. Dès qu'on se trouvera à une encâblure E. et O. de cette pointe, si le vent permet de louvoyer on lofera au plus près, en ayant soin cependant de ne pas approcher la pointe Castillo Nuevo à plus de 2 encâblures. On continuera ainsi sa bordée jusqu'à la côte E. où l'on virera de bord à peu de distance de terre. En deux bordées on devra arriver jusques devant le village de Camariñas, où l'on mouillera à un demi-mille de terre par 6 ou 7 brasses fond de vase. Le vent le plus à craindre étant le vent du S., quoiqu'il souffle de terre, il sera convenable de s'affourcher E. et O. Etant ainsi mouillé quand le vent du S. soufflera, on aura l'arrière du navire évité sur une petite crique qui se dirige vers le N.-N.-E. dans laquelle il y a peu d'eau et un fond de vase. Dans le cas où les ancres ne tiendraient pas, on irait donc s'échouer dans cette crique, d'où on pourrait se retirer après sans aucune avarie.

Si les vents d'E. ou N.-E. étaient trop frais pour pouvoir louvoyer, on pourrait, dès qu'on serait E. et O. de la pointe Castillo Viejo, mouiller partout où l'on voudrait. Ne pouvant atteindre Camariñas, on peut quelquefois relâcher au port de Merejo où la tenue est excellente par un fond de 4 à 6 brasses. On y est abrité de tous les vents excepté de celui du N.-O. avec lequel on y fatigue beaucoup à cause de la grosse mer qu'il y amène. Dans le cas où on serait forcé de mouiller à Merejo, il est pru-

dent d'être toujours prêt à appareiller pour pouvoir gagner Camariñas au premier moment favorable.

Pour entrer à Camariñas avec des vents de S.-O. ou
de N.-O., on ne devrait pas s'approcher du cap Villano,
mais prendre position à l'O. de la chapelle Nuestra Señora del Monte, suivre le milieu du canal entre Las Quebrantas et la pointe de Cruces, et gouverner ensuite sur
le mouillage, en observant les précautions indiquées
plus haut.

Pointe de Buytre.

Au S. 62° O. de Nuestra Señora de la Barca, à 1 mille
1/2 de distance, se trouve la pointe de Buytre, qui est
haute et escarpée. Entre ces deux pointes la côte forme
une baie qui se nomme de Las Cruces, et après on voit
une grosse pointe nommée Loirido. Le reste de la côte
est haut et escarpé. A petite distance au S. de la pointe
de Buytre, on voit deux petits îlots près de terre.

Cap Toriñana.

Au S. 41° O., et à 4 milles 1/2 de la pointe de Buytre,
se trouve le cap Toriñana, qui est de moyenne hauteur,
escarpé et s'avançant beaucoup dans la mer. Du N.-O.
au S.-O. ce cap ressemble à une tente de galère. Il n'est
pas très-facile à reconnaitre, parce que, vu du large, il
se confond avec les terres hautes qui sont dans l'intérieur, où se trouve la montagne de Las Yegas.

A 2 encâblures à l'O. du cap Toriñana, il y a un bas-
fonds de peu d'étendue, qui brise presque toujours ;
mais on peut passer entre lui et le cap, en gouvernant
pour cela de manière à couvrir la chapelle de Nuestra
Señora del Monte par la pointe de Buytre. Pour passer
en dehors à petite distance, il faut gouverner de manière
à toujours apercevoir par la pointe de Buytre la Atalaya
Mayor de Camariñas (montagne située entre Nuestra Señora del Monte et Camarinas. Au S.-S.-O. du cap Tori-

ñana, et près de la côte, il y a un îlot haut et rond, et dont le sommet forme deux pics; il est entouré de bancs.

Cap de la Nave.

A 6 milles au S. du cap Toriñana, on trouve la Nave de Finistère, montagne très-élevée et aplatie au sommet. Du tiers de la hauteur de cette montagne part une pointe peu saillante en mer, sur laquelle il y a un mamelon, et au pied un îlot très-élevé. Entre le cap Toriñana et la Nave, la côte forme une baie au fond de laquelle il y a une grande plage nommée Lemiño. Cette plage est à 2 milles 1/2 du cap Toriñana, et peut offrir un bon abri contre les vents de N.-N.-E. et d'E. On mouille en face d'une petite rivière dans laquelle on peut faire de l'eau. Pour venir prendre ce mouillage on devra ne pas trop s'approcher de la côte N. qui n'est pas saine, et ne pas mouiller par un fond plus grand que celui indiqué, pour ne pas être sur fond de roche. Depuis la plage de Lemiño, la plage continue d'être escarpée, ne présentant qu'une plage insignifiante nommée del Rastro.

Bas-fonds de la Munis.

A l'O. du cap de la Nave, à un grand 1/2 mille, se trouve le bas-fonds de Munis; c'est une roche sur laquelle il y a 3 brasses 1/2 d'eau de basse mer. Cette roche est dangereuse parce qu'elle se trouve sur le passage des navires qui naviguent sur cette côte, et qu'elle cesse de briser quelquefois pendant 12 à 15 minutes. Pour l'éviter, il faut avoir soin de ne jamais aligner le Centolo de Finistère avec le pic du Castello de Crabe (1), et Las Pardas (2) avec le milieu de la plage del Rastro.

---

(1) Le pic du Castello se trouve au S. de la rivière de Muros et ressemble à un gobelet renversé.

(2) On nomme Las Pardas l'extrémité méridionale de la plage del Rastro.

Cap Finistère.—Phare.

A 3 milles au S. 21° E. du cap de la Nave, se trouve le cap Finistère, qui est moins haut et moins aplati que celui de la Nave. Ce cap est plus accidenté à son sommet que le précédent, et il est d'un accès difficile tant pour y débarquer que pour en gravir les hauteurs. Vu du large, le cap Finistère est très-reconnaissable, parce qu'il est plus élevé que toutes les terres qui sont en arrière ; de plus, comme il y a une anse entre le cap précédent et celui-ci, il est impossible de les prendre l'un pour l'autre. Le mont Lezaro, à l'E. du cap Finistère, servira aussi de point de reconnaissance par sa hauteur dominant toutes les autres et par l'inégalité de son sommet formé par une quantité de petits pics, ressemblant aux dents d'une scie. Un phare est établi à l'extrêmité de ce cap. Il est élevé de 145 mètres au-dessus du niveau de la mer et visible de 20 à 24 milles. C'est un phare lenticulaire de première classe, avec feu tournant à éclipses qui se succèdent de 30″ en 30″.

Latit. 42° 52′ 45″ N.— Long. 11° 40′ 38″ O. (Paris).

Ilot Centolo.—Banc Turdeiro et autres.

Au N. 50° O. du cap Finistère, et à deux encâblures, se trouve un îlot de hauteur moyenne, rond et escarpé et en forme de gobelet, nommé El Centolo. Il y a passage entre cet îlot et la terre ; mais quoique les abords en soient sains, il est prudent de ne pas chercher à en profiter.

Au S. du même cap, et à 2 encâblures, il y a un bas-fonds de la longueur d'une chaloupe, nommé El Turdeiro ; il y a sur ce banc 2 brasses 1/2 d'eau, et la mer y brise presque toujours.

Au N.-N.-O. del Centolo, et à 1 mille de distance, il y a un autre banc nommé La Carraca, qui a la longueur d'un vaisseau, et sur lequel il n'y a pas plus d'eau que sur le précédent.

Peton de Socabo

A 1 mille au S.-O. du cap Finistère, on trouve un bas-fonds sur lequel il n'y a que 6 brasses d'eau, et qui est très-dangereux par les gros temps, la mer brisant dessus et son fond étant de roches.

Bourg de Finistère. — El Sardineyro.

Depuis le cap Finistère, la côte suit haute et escarpée pendant 1 mille 1/2 au N.-N.-E., jusqu'à une petite baie où elle s'abaisse, et dans laquelle se trouve le village de Finistère, habité par des pêcheurs. En arrière de ce village, les terres sont basses et sablonneuses et ressemblent à une isthme qui relie le cap Finistère au continent; on les nomme Area del Mar de Fuera. Les pêcheurs de Finistère sont obligés de tirer leurs bateaux à terre, n'ayant pas d'abri pour les laisser à l'eau : à l'extrémité S. du bourg il y a une batterie pour la défense de la côte. Depuis cette batterie, une terre basse ou plage s'étend au N.-E. pendant 1 mille ; on la nomme La Costeyra, et elle se prolonge jusqu'à la pointe del Sardineyro. Cette dernière pointe est haute et escarpée et située à 4 milles au N. 33° du cap Finistère. Au commencement de la plage de La Costeyra il y a un banc de sable presque circulaire et attenant à la plage, et sur lequel il y a très-peu d'eau.

Mouillage de La Costeyra.

En face l'extrémité N.-E. de la plage de La Costeyra, et au S.-O. de la pointe del Sardineyro, la côte forme légèrement baie et offre un bon mouillage contre les vents de N.-E., N. et N.-O., par 12 à 20 brasses fond de sable. Ce mouillage est très-fréquenté en été à cause des vents de N.-E. qui règnent presque continuellement ; mais au premier indice des vents de S.-E. ou S.-O., il faut appareiller et gagner la haute mer, parce que sur les côtes ces vents sont très-dangereux.

Baie del Sardineyro.

Depuis la pointe del Sardineyro, la côte suit au N. haute et régulière pendant 1 mille, et revient en tournant au N.-E. et à l'E. prendre sa direction au S. pendant 1 mille 1/2 jusqu'à la pointe de Naza. Entre ces deux points la côte forme une baie d'un mille de profondeur au fond de laquelle on voit le village de Sardineyro et la plage de Estardy. Cette baie ne peut servir qu'aux pêcheurs, tant à cause de son peu de fond que de la forte houle qui s'y engouffre.

Pointe de Cé. — Pointe de la Galera.

De la pointe Naza, la côte suit haute et unie pendant 1 mille 1/2 à l'E. jusqu'à la pointe de Cé, qui est située à 5 milles 1/2 au N. 62° E. du cap Finistère. Cette pointe est élevée et escarpée; elle forme l'extrémité O. de la baie de Corcubion.

A 1 mille au S. 72° E. de la pointe de Cé on trouve celle de la Galera qui forme l'extrémité E. de ladite baie de Corcubion. Cette pointe est basse et entourée de brisants; mais tout contre ces brisants il y a un bon fond sur lequel on peut passer sans crainte. Du pied du cap de Cé part un banc de roches se dirigeant au S. sur une étendue d'une encâblure, et sur lequel il n'y a que 2 à 3 brasses d'eau.

BAIE ET MOUILLAGE DE CORCUBION.
(Voir le plan particulier.)

La baie de Corcubion, dont l'entrée est formée à l'E. par la pointe de la Galera et à l'O. par le cap de Cé, se dirige au N. pendant 2 milles. Les deux côtes qui forment cette baie sont hautes et saines et forment quelques criques et plages dont les deux principales se trouvent au fond de la baie. Sur la côte O. on voit la ville de Corcubion; sur celle E., en face Corcubion, on trouve la plage de Fernelo, et tout à fait dans le fond on aperçoit le village de Cé. Vers le milieu du canal il y a deux forts presque en face l'un de l'autre ; celui del Cardenal sur la côte O., et sur la côte E. le fort del Principe ; ils sont à environ 6/10 de mille l'un de l'autre, et à partir de ces forts le canal va en rétrécissant vers le fond. La baie de Corcubion offre un bon mouillage pour toute sorte de navires ; elle est saine et il y a assez d'eau, puisqu'entre les deux forts où mouillent ordinairement les vaisseaux on trouve 10 à 12 brasses de fond. En approchant des deux côtes le fond diminue graduellement. Si l'on voulait s'enfoncer davantage dans la baie, on pourrait aller jusqu'à la plage Fernelo, où on mouille par 8 brasses. C'est la seule plage sur la côte E.

Lobeyra Chica.—Lobeyra Grande.

Au S. 78° E., à 5 milles du cap Finistère et à 3 milles 1/2 au S. de celui de Cé, se trouve le milieu de la Lobeyra Chica. On désigne sous ce nom une réunion de petits ilots de toutes dimensions, dont l'assemblage forme une ile irrégulière, et qui laissent entr'eux de petits canaux à travers lesquels passent les bateaux de pêcheurs pendant la pleine mer. Sa plus grande étendue est de l'E. à à l'O., et elle n'est pas très-élevée, car la pleine mer la recouvre entièrement. Elle est entourée de bancs, surtout dans la partie E. De ce côté de l'île, un banc de gravier avec 15 à 16 brasses de fond, s'étend jusqu'à la pointe de Caldebarcos, distante de 1 mille 1/4. Les caboteurs passent ordinairement par dessus ce banc, et même dans un cas pressé, les grands navires peuvent également profiter de ce passage sans danger.

Juste en direction E. et O. avec le cap Finistère, à distance de 4 milles et à 2 milles 2/10 au S. 3° O. du cap de Cé, se trouve le milieu de la Lobeyra Grande. Cette île est, comme la Lobeyra Chica, formée par une réunion de petits ilots; elle a plus d'étendue que l'autre et elle se dirige du S.-E. au N.-O. On peut passer tout autour, à une encâblure de distance, sans aucun danger. Entre les deux Lobeyra, il y a un passage de 3/4 de mille de large avec un fond variant de 15 à 26 brasses.

Corromeyro Chico.—Corromeyro Viejo.- Banc de l'Asno.

A 1/2 mille au S. 16° E. du cap de Cé, il y a un rocher de la grosseur d'un bateau et qui couvre de pleine mer, on le nomme Corromeyro Chico. De l'extrémité S. de ce rocher part une batture de roches sous l'eau, qui s'étend à deux encâblures au S. ; mais par contraire, à la partie N. de Corromeyro Chico, à moins d'une demi-encâblure, on trouve un fond de 6 brasses qui augmente jusqu'à 9, et qui diminue ensuite jusqu'à 3 brasses en s'approchant du cap de Cé. Entre la batture de roches au S. de Corromeyro Chico et la Lobeyra Grande, il y a un passage très-large et par un très-grand fond.

A un mille 7/10 au S. 35° E. du cap de Cé, se trouve le Corromeyro Viejo, îlot aussi grand, mais moins élevé que la coque d'un vaisseau, et qui s'étend du N.-O. au S. E.

Au S. et à l'E., à faible distance de cet îlot, il y a plusieurs autres îlots beaucoup plus petits. Tout autour de Corromeyro Viejo, il y a des bas-fonds, mais ils ne s'étendent pas à une encâblure, car au delà de cette distance on trouve un fond qui va rapidement de 12 à 20 brasses.

Entre cet îlot et la Lobeyra Grande, il y a un canal sain et profond et qui a un mille 1/2 de large. Entre le Corromeyro Viejo et la côte, il y a également passage par 18 brasses de fond ; mais il faut tenir le milieu en se rapprochant un peu plus de l'îlot afin d'éviter le banc de l'Asno. Le banc de l'Asno, qui découvre de basse mer, est situé à 1/2 mille au N. 40° E. de Corromeyro Viejo. De ce banc on relève l'extrêmité N.-O. de Corromeyro Viejo par l'extrêmité S.-E. de la Lobeyra Grande, et la pointe de la Galera par la plage de Fernelo. On peut passer entre la côte et ce banc, mais il ne faut le faire que dans un cas forcé.

Bueyres de Jures. — A 1 mille 1/2 au S. 59° E. du cap de Cé, et au S. 26° E., à 1/2 mille de la pointe de la Galera, on voit Los Bueyres de Jures. Ce sont trois rochers disposés en triangles et qui ressemblent à trois bateaux mouillés près les uns des autres. Les alentours de ce rocher sont sains, excepté du côté O. où il y a un banc de roches qui s'étend à plus d'une encâblure. Il y a passage entre Los Bueyres et la Galera, et entr'eux et la côte, et aussi entr'eux et le banc del Asno.

Pour entrer et mouiller dans la baie de Corcubion.

Avec les vents de S.-E. ou S.-O., on devra se diriger sur la Lobeyra Grande, et lorsqu'on sera par le travers de cette île, on gouvernera de manière à passer à 2 encâblures à tribord de l'îlot Corromeyro Chico, et de là on se dirigera sur le milieu de la baie dans laquelle on mouillera, et on s'affourchera N. et S. avec l'ancre la plus forte au S.

Avec des vents de N.-O. ou en dépendant, il vaut mieux, surtout avec un petit navire, passer entre le cap de Cé et Corromeyro Chico, et après avoir doublé cet îlot, serrer le vent bâbord amures pour gouverner sur le mouillage. Avec les vents de N.-E. un navire fin voilier pourrait gagner, en louvoyant, l'entrée de la baie ; dans le cas contraire, ou si le vent était trop frais pour louvoyer, le meilleur serait de mouiller dans la baie de la Costeyra ou à l'E. de la Lobeyra Grande, au S. de Corromeyro Viejo, par le travers de la plage de la Crava. Ce mouillage est très-fréquenté par les caboteurs qui y attendent le vent favorable pour entrer à Corcubion.

Par des gros temps de S.-O. ou S.-E., il est bien recommandé de faire attention aux points de remarque indiqués plus haut, afin d'éviter de prendre la baie del Sardineyro pour celle de Corcubion, erreur qui a été fatale à bien des navires, qui n'ont pu éviter leur perte une fois à ce mouillage.

Pointe Pineiro. — Anse de Lezaro.

A 2 milles au S. 54° E. du cap de Cé, on trouve la pointe Pineiro, qui est haute et entourée de bancs se prolongeant au large à petite distance. Entre cette pointe et celle de la Galera, on trouve l'anse de Lezaro et en arrière la montagne du même nom, qui se prolonge à l'E. A très-petite distance au S. de la pointe Pineiro on trouve une plage au fond de laquelle on aperçoit dans une vallée le Pindo, habité par des pêcheurs. Après la plage de Pindo et à un mille environ au S., on trouve celle de la Crava, en face de laquelle on mouille comme il a déjà été dit.

Pointe de Caldebarcos.

A 5 milles au S. 30° E. du cap de Cé, on trouve la pointe de Caldebarcos, qui est basse, rocheuse et entourée d'îlots. A quelque distance au N. se trouve le village de Quilmas.

Pointe de los Remedios ou de Nuestra Señora de los Remedios.

Au S. 47° E., et à 9 milles du cap Finistère et à 8 milles au S. 12° E. du cap de Cé, on trouve la pointe de los Remedios, qui est très-saillante en mer, basse et entourée d'îlots. Tout auprès et en arrière de cette pointe, on voit deux monticules égaux : sur le plus près des deux on voit une chapelle dédiée à Nuestra Señora de los Remedios. Il se nomme Faro Chico, et l'autre, plus au S.-E., Faro Grande.

Entre la pointe de Calabarcos et celle de los Remedios, on trouve deux petites plages dont la plus S. se nomme de la Carnota ; tout le reste de la côte est inabordable. En arrière de cette plage on voit une montagne élevée de 460 mètres, nommée la Galera.

Bancs del Duyo, — Los Arrosas, — de Miñarzas, — Los Forcados.

Au S. 5° O., et à 1 mille 1/2 de la pointe Caldebarcos, il y a un banc de roches nommé El Duyo, qui a peu d'étendue et sur lequel il n'y a que 2 brasses 1/2 d'eau.

A 1 mille 1/2, et au N. de la pointe Los Remedios, il y a plusieurs récifs qui sont comme un prolongement de cette pointe. On les nomme Los Arrosas. Il est bon, pour les éviter, de ne pas trop s'approcher de cette côte.

A 1 mille O. de la pointe de Los Remedios, et à 7 milles 1/2 au S. 40° E. du cap Finistère, se trouvent Las Minarzas, rochers ou plutôt îlots, car ils ne couvrent jamais, et qui sont entourés de bancs à 2 encâblures. Entre ces rochers et la côte on ne trouve que 6 à 7 brasses de fond ; aussi n'y a-t-il que les caboteurs qui profitent de ce passage.

A 1 mille au N. de la pointe de Los Remedios, et tout près de terre, il y a quelques îlots entourés de bancs, nommés Los Forcados ; il n'y a que les bateaux qui passent entr'eux et la côte.

Pointe de Lens.

Depuis la pointe de Los Remedios, la côte court au S. 30° E. pendant 3 à 4 milles jusqu'à la pointe de Lens. Toute cette partie de côte est haute à l'intérieur et basse au bord de la mer, et tous ses abords semés de roches. La pointe de Lens est basse et se prolonge sous l'eau ; et à 2 encâblures au large il y a deux roches sous l'eau, l'une au S.-O. et l'autre au N.-O., qui brisent de basse mer.

Mont Loyro.

Au S. 65° E., à un grand mille 1/2 de la pointe de Lens, on trouve le mont Loyro, qui est rond et élevé de 240 mètres. Son sommet présente deux pitons ; sur le plus haut, qui est au S., il y a une Maison de Signaux, située par 42° 45′ 47″ lat. N. et 11° 18′ 59″ long. O. (de Paris). Du mont Loyro, on relève le cap Finistère au N. 44° O., à environ 14 ou 15 milles. Cette montagne est très-reconnaissable tant par sa forme que par sa position détachée des autres montagnes par une grande plaine, ce qui, de loin, la fait ressembler à une île. Elle forme l'extrê-

10

mité N.-E. de la baie de Muros. Entre la pointe de Lens
et le mont Loyro, la côte fait une anse peu profonde, au
fond de laquelle on voit une grande plage très-saine,
formée par la plaine en arrière du mont Loyro. On la
nomme Area Mayor.

Banc Meixido.

A 5 milles 1/4 au N. 78° O. du mont Loyro, il existe un
banc nommé Meixido, formé par la réunion de plusieurs
bas-fonds; il est de forme ronde et a à peu près une encâblure de diamètre. Sur la partie la plus haute de ce
banc, on ne trouve qu'une demi-brasse d'eau et la mer y
brise toujours; la lame brise sur toute l'étendue du banc
quand la mer est grosse. Entre ce banc et la côte, le canal
est sain et il a une largeur de trois milles. Pour passer
en dehors du banc Meixido, il faut gouverner de manière
à voir la Nave de Finistère par le cap Finistère, et quand
le mont Loyro sera relevé au S. 78° E., le banc sera dans
l'alignement de ce mont et on se trouvera le plus près
possible de cet écueil.

Los Bruyos. — Los Leixones.

A 3 milles au S. 85° O. du sommet du mont Loyro, on
trouve une réunion de petits îlots nommés Los Bruyos.
Ces îlots sont joints entr'eux et si peu élevés, que quand
la mer est grosse elle passe dessus d'un bout à l'autre.
De Los Bruyos part un petit banc qui se prolonge à 2 encâblures à l'O. Entre la pointe de Lens et Los Bruyos, il y
a un passage praticable pour tout navire, mais qu'il ne
convient de prendre que dans un cas forcé.

Au pied et au S. du mont Loyro, il y a quelques îlots
nommés Los Leixones, hauts comme la coque d'une frégate; ils sont sains du côté du large, mais entourés de
bancs du côté de la terre. Malgré cela, il reste encore entre ces bancs et la côte un passage assez profond, mais
qu'il serait trop dangereux de pratiquer.

Pointe de Bouyo. — A un mille 3/10 au N. 46° E. du mont Loyro, se trouve la pointe de Bouyo, qui est haute et escarpée, et de laquelle part une batture de roches qui s'étend à près de deux encâblures au S.-O. Le plus petit fond sur ce banc est d'une brasse, mais en allant vers son extrêmité du large, ce fond augmente jusqu'à 10 brasses. Entre le mont Loyro et la pointe Bouyo, la côte forme une anse au fond de laquelle il y a une plage et une plaine élevée où l'on aperçoit le village de Loyro, habité par des pêcheurs. Le fond de cette baie est de mauvaise qualité, tout roche et gravier.

Pointe de l'Atalaya de Muros.

A un 1/2 mille au N. de la pointe de Bouyo, on trouve la pointe de l'Atalaya de Muros, qui est une petite montagne ronde au sommet de laquelle il y a les restes d'un moulin à vent. Elle forme l'extrêmité N. de la baie de Muros. Depuis la pointe de l'Atalaya, la direction de la baie est au N.-O.

Pointe de San Antonio. — Port de Muros.

A un mille au N. 11° E. de l'Atalaya de Muros, on trouve la pointe de San Antonio, de hauteur moyenne, et sur laquelle il y a un ermitage. Entre la pointe de l'Atalaya au S. et la pointe San Antonio au N., la côte fait une petite anse vers le N.-O., avec un mille de profondeur et à peu près autant de largeur; c'est le port de Muros, village que l'on aperçoit près d'une grande plage de sable à l'O. Au fond de l'anse, à l'E., on voit un autre village nommé San Juan de Sierras. Dans le port de Muros on trouve toujours quelques caboteurs et quantité de pêcheurs. Le mouillage est bon en tout temps et le fond de 4 à 6 brasses d'une bonne tenue. On y est très-abrité contre les vents de S.-O. et N.-O. avec très-peu de houle.

Pointe Outeyro Gordo.—Anse Bornalla.

A 1 mille 1/2 au N. 31° E. de la pointe de l'Atalaya, on trouve celle de Outeyro Gordo, qui est grosse, de hauteur moyenne et qui fait l'extrêmité O. de l'anse de Bornalla. Cette anse peu profonde se dirige au N.-N.-E., puis au S.-S.-E. jusqu'à l'île Santa Catalina, qui en fait l'extrêmité E. Cette île est entourée d'îlots et de rochers nommés Los Petones; c'est le seul parage dont on doive se défier dans la baie de Bornalla, tout le restant étant sain.

Pointe Burneyra. — A partir de l'île Santa Catalina, la côte court à l'E. pendant 1 mille 1/4 jusqu'à la pointe Burneyra, qui est de moyenne hauteur, et du pied de laquelle partent quelques îlots et bas fonds se prolongeant jusqu'à 3 encâblures. A 3/4 de mille à l'E. de celle-ci on trouve la pointe de Uhia, qui forme avec la précédente la petite anse de Esteyro.

Ile Quiebra. — A peu de distance au S.-E. de la pointe Uhia, on trouve l'île Quiebra qui est haute et a 3 encâblures d'étendue du N.-O. au S.-E. De l'extrêmité de cette île part un petit banc sur lequel il y a peu d'eau.

BAIE DE NOYA.

Pointe Plancha. — En face au S.-E., et à 3/4 de mille de l'île Quiebra, on voit la pointe Plancha qui forme avec cette île l'entrée de la baie de Noya. Cette baie a 3 milles de profondeur vers le N.-N.-E. Vers le fond on voit la ville de Noya, près de l'embouchure d'une rivière, et plusieurs villages. Tous les navires peuvent entrer dans la baie de Noya, y ayant de 4 à 10 brasses de fond et d'un bon ancrage, mais il est indispensable de prendre un pilote pour y arriver.

Pointes Venencio et Cabeyro.

A 1 mille au S. 47° O. de la pointe Plancha on trouve celle de Venencio, qui est basse et rocheuse. Entre ces deux pointes il y a plusieurs îlots. A 1 mille 1/4 au S.

de la pointe Venencio, on trouve celle de Cabeyro, qui
est très-haute et saillante en mer. Entre ces deux pointes il y a une belle plage, très-saine jusqu'aux approches
de la pointe Cabeyro, où il y a quelques ilots et rochers.

Pointe et Atalaya del Son.

Depuis la pointe Cabeyro, la côte court l'espace d'un
grand mille au S.-O. jusqu'à la pointe de l'Atalaya del
Son. Entre ces deux pointes, la côte est parsemée de plages et de bancs ; la plage la plus au N. est celle nommée
de la Polveyra, près d'une petite pointe du même nom,
du pied de laquelle part une batture de roches qui s'é-
tend à un demi-mille. Au milieu de ce banc il y a une
roche qui découvre de basse mer et qu'on nomme Fil-
geyro. La plage plus au S. se nomme del Son, du nom du
village qui se trouve à sa partie S.-O. Tout près de ce
village on a construit un môle pour abriter les bateaux
pêcheurs et les caboteurs qui vont quelquefois y chercher un refuge.

Pointe de Castro.

La pointe de Castro, située à 2 milles au S. 29° O. de
l'Atalaya del Son, est formée de deux rochers élevés et
noirs, réunis à la côte par une petite isthme qui couvre
de pleine mer. Entre cette pointe et celle del Son, la côte
est toute rocheuse et parsemée d'ilots, au milieu desquels s'avance une petite pointe nommée Liceyra. La
pointe de Castro forme l'extrêmité S. de l'entrée de la
grande baie qu'on nomme baie de Muros et dans laquelle
sont celles de Muros, de Bornella, de Noya, etc. Elle est
à 4 milles 1/2 au S. 9° E. de l'Atalaya de Muros et à 3
milles 1/2 au S. 38° E. de la vigie du mont Loyro.

Bas-fonds de Bayo.

Du pied de la pointe de Castro part une batture de
roches qui s'étend à 2 encâblures à l'O. A un grand mille
à l'O. de cette même pointe, et à 2 milles 1/2 au S. 18° E.

de la vigie du mont Loyro, il existe un banc nommé El Bayo, sur lequel il y a de 3 à 5 brasses d'eau. Ce banc a une étendue presque circulaire de 2 à 3 encâblures et il va presque rejoindre à l'E. la batture de roches de la pointe de Castro. Entre le banc et cette batture il y a un canal qui a 12 brasses de fond et par où passent souvent les caboteurs du pays.

Pointe Roncadora.

La pointe Roncadora est à 1 mille 1/2 au S. 18° de celle de Castro et haute et escarpée. Entre ces deux pointes, la côte est toute parsemée de roches et de bancs qui s'étendent à quelque distance de terre.

Ilots Besoñas.

A 6 milles au S. 4° O. du mont Loyro, et à 4 milles 1/2 au S. 35° de la pointe de Castro, se trouvent les îlots Besoñas, dont le plus gros ressemble à la coque d'un petit navire ; tous les autres sont plus petits et groupés autour. Une batture de roches part de ces îlots et s'étend à l'O. à 2 encâblures ; l'une de ces roches découvre de basse mer. Autour de ce danger et des îles Besoñas, on trouve un fond qui va de 5 brasses à 10 et 20 brasses.

Reconnaissance de la baie de Muros.

Le mont Loyro fournit une bonne reconnaissance de la baie de Muros, lorsqu'on vient du large ; si on était trop éloigné pour bien distinguer cette montagne, on apercevrait dans le N. le cap Finistère et le cap Lezaro, et dans le S. le mont Curota, qui est la montagne la plus élevée que l'on trouve sur cette côte. Le mont Curota est situé assez avant dans les terres, il est gros, et du côté de l'O. sa chute est taillée à pic depuis le sommet jusqu'au quart de sa hauteur, et elle s'étend ensuite graduellement jusqu'à sa base. A mesure qu'on approchera de la côte on distinguera le mont Loyro.

Pour entrer dans la baie de Muros.

Avec des vents de la partie N., pour entrer dans la baie de Muros, on devra rallier le mont Loyro; en laissant les ilots Leixonnes à babord, et évitant le banc de la pointe Bouyo, on s'approcherait le plus possible de la pointe Atalaya ; une fois là on se dirigerait directement sur le mouillage. Si l'on devait louvoyer, on pourrait en deux ou trois bordées gagner jusqu'à la hauteur du village, où on mouillerait par 8 à 10 brasses fond de vase. On devra affourcher N. et S. contre le vent d'E., qui est le plus dangereux sur cette côte et qui y soulève une mer très-forte. Avec les vents de S. ou de S.-E. on peut rallier le banc de Bayo, en ayant soin de ne pas aligner la pointe Cabeyro par la chapelle Nuestra Señora de la Misericordia, et, après avoir dépassé ce banc, on pourra se diriger directement sur le mouillage qui a été indiqué. Toute la baie de Muros est saine, en ayant soin en approchant de la côte d'éviter les dangers que nous y avons indiqués.

Pointe del Rio de Sieyra. — Pointe Caraysiñas.

A 2 milles au S. 6° 30′ E. de la pointe Roncadora, on trouve celle del Rio de Sieyra, ainsi nommée à cause de la rivière de Sieyra, qui débouche près de cette pointe. Depuis la pointe Roncadora, toute la côte est taillée à pic et entourée d'ilots à très-faible distance. Depuis Rio de Sieyra, la côte est très-basse et parsemée d'ilots, et court pendant 3 milles 1/2 au S. 18° E. jusqu'à la pointe Caraysiñas, qui est très-basse et au pied de laquelle il y a plusieurs petits ilots.

Pointe Esteyllans. — Tombo Mayor et Menor.

Au S. 33° O., et à 1 mille 3/4 de la pointe Caraysiñas, on trouve celle de Esteyllans qui est basse, rocheuse et qui se prolonge sous l'eau jusqu'à 2/3 de mille. Entre ces deux pointes on aperçoit, un peu dans l'intérieur, les monts

Tombo Mayor et Tombo Menor; le premier, plus rapproché de la pointe Caraysiñas, est une montagne élevée et dont le sommet se termine en pointe; sa chute du côté S.-O. va aboutir à Tombo Menor, qui est un peu moins élevé et moins aigu.

Cap Corrobedo. — Fanal.

A 1 demi-mille au S. 60° O. de la pointe Esteyllans, on trouve le cap Corrobedo, que l'on appelle dans le pays Aceitero de Armada. C'est une pointe basse avancée en mer et entourée de rochers noirs. Ce cap est reconnaissable par les deux monts Tombo Menor et Mayor, qui s'en trouvent en arrière et au N.-E., et par le mont de la Curota, plus haut et en arrière des premiers.

Sur l'élévation du cap Corrobedo, on a établi un feu fixe, élevé de 30 mètres au-dessus du niveau de là mer, et visible de 12 à 15 milles.

Latit. 42° 34′ 38″ N. Long. 11° 24′ 56″ O. (Paris).

Bas-fonds et bancs de Corrobedo.

La Marosa. — A 1 mille au S. 1/4 S.-O. du cap Corrobedo, se trouve un bas-fonds nommé la Marosa, formé de plusieurs roches qui découvrent dans les marées ordinaires; à une demi-encâblure on trouve 6 à 7 brasses de fond.

Rinchador. — Dans la même direction, et à 1 mille 8/10, il existe un autre bas-fonds nommé Rinchador, qui est presque rond, avec une encâblure de diamètre; il découvre un peu moins que le précédent et il a le même fond dans ses alentours.

La Tomasa. — A 1 mille et 8/10 au S.-S.-O. du cap Corrobedo, se trouve le bas-fonds nommé la Tomasa, qui découvre un peu moins que le précédent et qui est aussi de dimensions moins étendues.

Cobos. — Au S. 15° O. du cap on trouve le bas-fonds Cobos, à distance de 2 milles 1/10; il découvre comme le Rinchador et se trouve dans les mêmes conditions.

Pragriña.—Au S. 31°O., et à 2 milles 3/4 du cap, se trouve le bas-fonds Pagriña, qui ne découvre que dans les marées très-basses ou quand la mer est très-grosse. Ce banc a une encâblure de circonférence et il y a du fond dans tout son pourtour. Dans ces parages il y a toujours beaucoup de mer, ce qui fait que tous ces bancs se trouvent toujours apparents.

Tarapadas.—Dans la même direction, et à 3 milles et 1/4 du cap Corrobedo, il y a un banc nommé Tarapadas, sur lequel il y a 10 brasses fond de roche. Ce banc a 1/2 mille d'étendue et la lame brise dessus quand la mer est grosse.

Ilots Sagres ou Preceiras.

Au S. 1/4 S.-E., et à 4 milles du cap Corrobedo, on voit une réunion de 4 ou 5 rochers, dont le plus gros est comme la coque d'une felouque : ces îlots sont entourés de brisants à une encâblure et demie ; et au S.-S.-O., à 4 encâblures, se trouve un brisant plus saillant que les autres nommé Meijon de Vigo. En venant du large, il est difficile de reconnaître ces îlots, parce qu'ils se confondent avec la côte qui est en arrière et qui a à peu près la même hauteur et la même couleur.

Passage entre les bancs et le cap Corrobedo.

Dans les gros temps la mer brise dans toute son étendue, entre le cap Corrobedo et les bancs ou bas-fonds qui s'en trouvent les plus éloignés. Par des temps calmes on peut passer dans ce canal, qui a de 10 à 15 brasses de fond, en gardant une distance d'au moins une encâblure 1/2 entre le navire et tous les bas-fonds signalés ci-dessus, et qui brisent par tous les temps. Malgré cette indication, il est plus prudent de passer en dehors de tous ces dangers dont la position n'est pas assez précise pour pouvoir y naviguer en toute sécurité.

Pointe et îlots de Carreyra.

Du cap Corrobedo, la côte court au S.-E. pendant 3 milles 1/2 jusqu'à la pointe Carreyra, près de laquelle on aperçoit le village du même nom. Entre ces deux points, la côte forme une anse s'internant au N.-E., et au fond de laquelle on voit quelques plages et quelques petits îlots. Dans cette anse, entre la plage et les bancs de Corrobedo déjà signalés, il y a un bon mouillage pour des vents de N.-E., par un fond de 12 à 20 brasses. C'est une ressource pour les navires qui, se trouvant affalés dans ces parages, ne pourraient gagner la haute mer. Il faudrait à ce mouillage avoir une centaine de brasses de câble dehors, à cause de la forte houle qu'on y ressent. La ville de Corrobedo reste au N. de cette baie.

A 1 mille au S.-O. de la pointe Carreyra, on trouve l'îlot du même nom, qui est un rocher de moyenne hauteur, taillé à pic, s'étendant du N.-O. au S.-E. Entre la pointe Carreyra et cet îlot, il y a plusieurs rochers hors de l'eau à la file l'un de l'autre.

Pic de la Curota. — A 6 milles au N.-E. 1/4 E. du cap Corrobedo, se trouve la montagne appelée Curota de Corrobedo, qui est le commencement et le sommet le plus haut d'une chaîne du même nom. Le sommet de la Curota est formé de deux petits pics; c'est le plus haut des deux qui est toujours pris pour point de repère. Il est visible à 50 milles au large.

Ile Salbora. — Phare.

A 3 milles au S. 20° E. de la pointe Carreyra se trouve le milieu de l'île Salbora. Cette île est un peu longue et se dirige à peu près du N. au S.; elle est de couleur rougeâtre, haute au milieu et basse à ses extrémités. Deux rangées d'îlots ou de rochers se détachent de sa partie N. et vont, l'une rejoindre la côte et l'autre jusqu'aux abords des îlots Carreyra. Il y a quelques autres îlots au

N. et à l'E. de Salbora. On a établi un phare sur la pointe
S. de l'île Salbora ; c'est un feu fixe, varié par des éclats
rouges de 2′ en 2′ ; il est élevé de 25ᵐ et visible à 10 milles.

Latit. 42° 27′ 50″ N. Long. 11° 19′ 44″ O. (Paris).

A 3 encâblures de la pointe S.-O. de l'île, il y a un bas-
fonds qui découvre, nommé Lapegar. On ne peut passer
entre cette île et la côte à cause des nombreux îlots et
rochers dont on a parlé.

El Noro. — A 8 encâblures au N.-E. du milieu de l'île
Salbora, il y a un îlot remarquable parmi les autres par
sa grosseur et sa hauteur en forme de pyramide conique;
on le nomme el Noro. Entre cet îlot et l'île Salbora, il y
a un bon mouillage de peu d'étendue par 16 brasses de
sable et bonne tenue. On y est abrité des vents de N.-E.,
S.-O. et N.-O.

Ile Vionta. — A 6 encâblures au N. del Noro se trouve
une petite île de sable nommée Vionta ; elle est entourée
de rochers, et à 4 encâblures à l'O. elle est flanquée d'un
petit îlot nommé Insuavela.

BAIE DE AROSA.

Pointe del Grobo. — L'île Salbora forme l'extrémité O.
de l'entrée de la baie de Arosa, et à 2 milles 1/2 à l'E. de
cette île se trouve la pointe la plus saillante de la pénin-
sule del Grobo, qui est à l'extrémité E. de l'entrée de ladite baie. Le front O. de cette presqu'île court N. et S.,
et est formé de hauts rochers noirs et de plusieurs
petits îlots contre terre, et au S. de cette pointe il y a un
bas-fonds nommé Aguieyra, qui découvre de basse mer.

La baie de Arosa est spacieuse, on peut y louvoyer
avec toutes sortes de navires. Le fond y est généralement
de vase et de bonne tenue, et on y est abrité de tous les
vents et de la mer, avec la précaution de filer beaucoup
de câble. Il faudra avoir la plus grande attention aux
nombreux bas-fonds qu'on y trouve et qui se manifestent
d'eux-mêmes, soit par la couleur de l'eau, soit par les

herbes qui croissent dessus, hautes d'une brasse à une brasse 1/2.

Pour entrer dans la baie avec vents largues, on aura présent que le canal se dirige de la ligne formée par la pointe del Grobo et l'île Salbora, à celle formée par les îles Rua et Pedregoso, ou soit au N.-N.-E. corrigé. La première de ces deux îles, plus à l'O., est formée dans toute son étendue de hauts rochers blancs sans herbe ni sable, et la seconde, à l'E., est formée aussi de rochers, mais plus bas et de couleur plus sombre. Elles sont au centre de la baie et à un mille de distance l'une de l'autre. Les alentours de l'île Rua sont très-sains et fournissent un bon mouillage, surtout dans la partie N.-E. et S.-O. C'est le point le plus remarquable de l'intérieur de la baie de Arosa.

Ile Arosa.—Phare.

A l'E. de l'île Pedregoso, et à près d'un mille de distance, se trouve l'île de Arosa qui a une étendue d'environ 2 milles N. et S. Sur sa pointe N., dite del Caballo, on a établi un phare lenticulaire de 4e classe. C'est un feu fixe élevé de 12 mètres et visible à 7 milles.

Latit. 42° 34' 8" N. Long. 11° 11' 54" O. (Paris).

Mouillage de Santa Eugenia.

L'anse de Santa Eugenia se trouve sur la côte à l'O. de l'île Rua; pour y aller mouiller, il faut suivre la route indiquée pour entrer dans la baie jusqu'à ce qu'on aligne le mont del Castro par la pointe del Ayre. Arrivé là on mettra le cap sur Santa Eugenia, où on mouillera à 2 ou 3 encâblures de la plage par 6 ou 7 brasses. On aura l'attention, si c'est en été, de se rapprocher davantage de la côte N. et, si c'est en hiver, de la côte S.

Mouillage de Cambados.

Pour mouiller à Cambados, on suit la même route que pour le mouillage précédent jusqu'au même point (Mont del Castro par la pointe del Ayro). Une fois arrivé à cet alignement, on gouvernera à l'E. corrigé, de manière à apercevoir par babord un petit îlot noir et plat, situé au S. de l'île de Arosa ; on suivra cette route jusqu'à se trouver à 2 encâblures au S.-S.-O. dudit îlot ; on gouvernera alors de manière à découvrir un peu par babord un autre îlot plus bas que le premier, nommé Lobeyra, qui est au S. et à 4 encâblures de l'île Galinero, et en gouvernant au S.-E. corrigé, on passera à une encâblure 1/2 au S. de cet îlot. On gouvernera alors sur le village le plus au N. de Cambados, nommé Ferinans, soit à l'E.-N.-E. corrigé, et on mouillera quand on se trouvera par 7 brasses fond de sable. On sera à ce mouillage abrité de la mer et de tous les vents, mais seulement exposé à un peu de courant qui fait 2 milles 1/2 à l'heure dans les marées vives.

Mouillage à l'O. de l'île Arosa.

Si on veut mouiller à l'O. de l'île Arosa, on commencera par suivre la ligne d'entrée indiquée, on passera entre les îles Rua et Pedregoso quand on aura aligné la partie N. de l'île Arenosa avec le plus S. de l'île Arosa, on gouvernera sur le moulin à vent de cette dernière, un peu plus au S. jusqu'à se trouver entre El Pedregoso et le pic le plus haut et N. de l'île Arosa, où l'on mouillera par 16 à 17 brasses fond de vase.

L'île Arenosa est très basse, entourée de plages de sable très-blanches ou couvertes de quelques herbes. La partie la plus au N. et la plus élevée de l'île de Arosa est appelée pic de Arosa ; il est formé de quelques blocs de rochers dont le sommet a 50 mètres de hauteur.

Mouillage à La Puebla del Dean.

Pour mouiller à la Puebla, on suivra la route commune pour entrer dans la baie jusqu'à découvrir l'église del Caraminal, ou jusqu'à aligner le pic de la Curotina par l'extrémité N. de la ville ; on aura alors dépassé une petite île basse qui s'avance de la pointe S. de l'anse de Puebla nommée Ostreyra, et on pourra gouverner sur tel point de cette anse que l'on voudra choisir pour mouillage.

Le pic Curotina est une montagne de couleur sombre, la plus rapprochée de La Puebla et en forme de pyramide, vue des environs de cette ville. Elle est un peu moins haute que la Curota dont elle est la continuation.

Mouillage del Carril et de Villagarcia.

Pour aller mouiller au Carril, on suivra l'entrée ordinaire de la baie jusqu'à ce qu'on puisse relever la pointe Cabio par la montagne Curotina, ou si on n'aperçoit pas cette dernière, jusqu'à ce qu'on puisse aligner la pointe Niño de Corvo (Arosa), par le moulin à vent de la même île Arosa ; une fois à ce point, on mettra le cap sur la montagne Xiabre, direction dans laquelle se trouve la ville del Carril. On mouillera quand on sera entre la pointe del Carril et l'île Cortegada. Ce mouillage n'est bon que pour les petits navires, car il n'y a que 2 brasses à 2 brasses 1/2 fond de vase. Le mont Xiabre est la seule montagne élevée qu'on trouve au S. du fond de la baie de Arosa ; il est presque aussi élevé que la Curota ; son sommet est arrondi et d'une pente assez douce. Le port du Carril est formé par l'île Cortegada, qui est détachée de la côte N. Elle est entourée de petites îles, dont la plus haute à l'O. se nomme San Barthelemy.

Le mouillage de Villagarcia est un peu au S. de celui del Carril. On suivra la même route pour s'y rendre, jusqu'au moment de se diriger au mouillage del Carril, où l'on prendra alors au lieu de cette direction celle de Villagarcia, en mettant le cap à l'E. 1/4 N.-E. corrigé, et l'on mouillera quand on se trouvera par 3 brasses ou 3 brasses 1/2 fond de vase.

Rivière de Padron. — Pour entrer dans la rivière de Padron , au fond de la baie , on suivra la même route que pour le Carril, jusqu'à ce qu'on aligne la pointe del Chazo par la vigie du même nom. On gouvernera alors au N.-E. 5° N. corrigé , jusqu'à aligner l'île San Barthelemy par le village de Villagarcia ; on mettra alors le cap sur la ville de Bamio, et un peu après on se dirigera au fond de la rivière, soit au N.-E. 1/4 E.

Mouillage de Rianjo.

Pour se rendre à Rianjo on suit la même route que pour entrer dans la rivière de Padron ; et quand on alignera Villagarcia par le milieu de l'espace entre les îles Cortegada et San Barthelemy, on fera route au N.-N.-O. corrigé , jusqu'à ce qu'on se trouve entre les pointes Portomouro et Zuncheyra , d'où on se dirigera sur l'entrée de la rivière Meluzo, et l'on mouillera quand on sera par 2 brasses 1/2 fond de vase , en face le village de Rianjo.

Pour entrer dans la baie de Arosa il y a, outre la grande entrée indiquée, un petit passage entre les bas-fonds et bancs de Salbora et des îles Sagres ou Preceyras. Mais ce passage étant très-périlleux, on ne conseille de s'en servir que dans un cas forcé, comme chasse ou autres.

Il faudra dans ce cas avoir la plus grande attention à la houle , qui est beaucoup plus forte quand on est sur un petit fond , et à la couleur de l'eau , afin de bien partager la distance entre les divers bas-fonds.

La Forcadina. — Il y a un îlot dont on n'a pas fait mention, nommé la Forcadina, et qui sort en forme de fourche, à demi-mille à l'E. de Sagres ; il est entouré de roches sous l'eau.

Instruction pour louvoyer dans la baie de Arosa.

Pour louvoyer dans l'entrée de la baie, il faudra avoir l'attention de virer toujours de bord à 3 encâblures au moins de la côte del Grobo et à 2 encâblures de celle de

Salbora et Noro. Quand on sera en dedans des pointes de Castro et Meloxo, on devra, dans la bordée de N.-O., se prémunir contre le Sinal de Castro, bas-fonds qui se projette de la pointe de Castro et qui ne découvre pas de basse mer; pour s'en garantir, on virera avant d'aligner la Lobeyra de Rua avec la Moura de Cabio, et le point le plus haut de l'île Sagres avec le plus élevé de la Centoleyra Grande. La Lobeyra de Rua est le rocher le plus découvert entre l'île Rua et la côte de Palmeyra, et la Centoleyra Grande est un amas de roches basses entremêlées de sable, projetées par la pointe de Carreyra.

Sur la bordée opposée, il y a à éviter le bas-fonds Los Mesos, sur lequel il n'y a qu'une brasse 1/4 de basse mer. Pour cela, il faudra virer avant d'aligner la partie E. de Rua avec la Curotina et le pic de Arosa avec la partie O. de Arenosa. Si le navire est d'un faible tirant d'eau, il n'aura rien à craindre de Los Mesos, mais il devra quand même avoir soin d'éviter les roches Salbores, qui découvrent à demi-marée et qui se trouvent par l'alignement du pic de Oliveyra avec l'îlot Galinero. Le pic de Oliveyra est le plus escarpé et le plus aigu de tous ceux de cette baie, et l'îlot Galinero est le plus remarquable des îlots au S. de Arosa, étant lui-même aussi élevé que cette île. La pointe de Ayro forme l'extrémité S. de l'anse de Santa Eugenia. Une fois plus en dedans, il faudra éviter le bas-fonds de la Loba, qui ne découvre que de basse mer; il est à 8 encâblures au S. de Pedregoso et se trouve dans l'alignement de l'îlot Ingua avec la pointe O. de Pedregoso et du pic Corbeyra avec le haut de la pointe de Quilma.

Ilot ou Pic Corbeyra. — Au S.-O. de l'île Arenosa, il sort du milieu d'un récif un rocher aigu qui se nomme Pic de Corbeyra.

Récifs Camouco. — En louvoyant aux approches de Santa Eugenia, il faudra prendre garde aux roches nommées

Camouco, qui ont une circonférence de 7 à 8 mètres et dont le milieu découvre de basse mer, en forme d'une petite pyramide de 2 mètres 1/2 de hauteur. La position de ce banc se trouve en alignant l'île Coroso (extrémité E. de l'anse Santa Eugenia) avec la Curota, et le mont del Castro avec la partie N. de Santa Eugenia.

En continuant de louvoyer vers le fond de la baie, il faudra avoir l'attention de ne pas approcher à moins de 2 encâblures de Pedregoso, pour éviter un rocher qui s'en trouve au N.-O. et qui ne découvre jamais.

Plus en dedans, il faudra aussi se prémunir contre le bas-fonds Siñal del Mano, dont la sonde annonce les approches par la diminution du fond; pour l'éviter il faudra virer de bord aussitôt que la partie N. de Rua s'alignera avec celle S. de Salbora.

Il existe encore d'autres bas-fonds qu'il serait trop long de détailler, d'autant plus que par la quantité de bancs et rochers qu'on trouve dans cette baie, il est indispensable d'avoir un pilote pour y louvoyer.

Pointe de San Vicente. — Plage de la Lanzada.

L'extrémité S. de la presqu'île del Grobe forme la pointe San Vicente, aussi nommée Abilleyra, et qui se trouve à 2 milles 1/2 au S. 74° O. de la pointe S. de l'île Salbora. Il ne faut pas approcher plus près d'un 1/2 mille de cette pointe à cause de plusieurs roches sous l'eau qui se trouvent dans ses approches. De cette pointe, la côte court à 2 milles 1/2 à l'E. escarpée et bordée d'îlots, jusqu'à la plage de Lanzada qui s'étend pendant 2 milles au S. 31° E. et se prolonge dans l'intérieur jusqu'à la baie de Arosa. A une petite distance à l'O. de l'extrémité de cette plage, il y a quelques îlots nommés Colmado, et à 1/2 mille au S.-O de ceux-ci se trouve le banc le Corzan, sur lequel la mer brise presque toujours. La plage la Lanzada est un bon mouillage pour les vents de N.-E., mais avec la condition de ne pas avoir trop de

11

mer de S.-O. ; on ne doit pas mouiller sur un fond de moins de 13 à 14 brasses.

A 1 demi-mille au S. des îlots Colmado, on trouve la pointe de la Lanzada, qui est basse et rocheuse, et un peu en arrière au S.-E. de cette pointe, on voit le village du même nom.

Pointe de Arre.

A 4 milles au S. 40° E. de la pointe San Vicente, et tout près celle de Lanzada, se trouve la pointe de Arre, qui est de hauteur moyenne et taillée à pic, et au pied de laquelle il y a quelques îlots.

Pointe Montalvo. — Pointe Cabicastro.

A 1 grand mille au S. 45° E. de la pointe de Arre, se trouve celle de Montalvo, qui est la plus élevée de toute cette partie de côte. A 1 grand mille au S. 49° E. de Montalvo se trouve la pointe Cabicastro, qui est haute et escarpée et qui forme l'extrêmité N. de l'entrée de la baie de Pontevedra.

Ile de Ons. — Ilot Sentolo.

Au S. 38° E., à 8 milles de l'île Salbora et à 2 milles au S. 70° O. de la pointe de Arre, se trouve l'extrêmité N. de l'île de Ons. Cette île, qui a une longueur de 3 milles, est tendue du N.-N.-E. au S.-S.-O. Elle est de hauteur moyenne, plane au sommet et régulière, mais accidentée du côté de l'O. où l'on trouve plusieurs roches à peu de distance du rivage. La partie E. est plus saine, il y a deux petites plages sur lesquelles on peut facilement débarquer.

L'extrêmité N. de l'île de Ons se trouve par 42° 24' 45" lat. N. et 11° 10' 7" long. O. (Paris).

Tout près de cette extrêmité de l'île, on trouve l'îlot Sentolo, qui est rond et qui a quelques autres îlots plus petits dans sa partie N.-O.

Ile Onza.

Au S. et à peu de distance de l'île de Ons, se trouve une autre île ronde et élevée et nommée Onza. Tout autour de cette île il y a des roches peu éloignées du rivage, excepté cependant dans sa partie N.-E., où l'on trouve une petite plage. Entre les îles Ons et Onza, il y a une batture de roches sur laquelle il y a peu de fond (4 à 5 brasses) et qui joint presque les deux îles ; aussi ce passage n'est-il pratiqué que par des pêcheurs. A 3/4 de mille au S.-O. de l'île Onza, il y a un banc de roches sur lequel il y a 5 brasses d'eau et qui brise quand la mer est grosse.

Passage entre la pointe de Arre et l'île de Ons.

Entre la pointe de Arre et l'extrémité N. de l'île de Ons on voit un passage spacieux, mais que la batture de roches de la pointe de Arre et plusieurs bas-fonds rendent difficile. A mi-canal, entre la côte et l'île, on trouve Los Camucos, qui sont trois roches isolées, à une encâblure l'une de l'autre. De basse mer il y a un peu plus d'un mètre d'eau sur celle du N., 6 à 7 mètres sur celle du S., et celle du milieu découvre légèrement d'un 1/2 mètre environ. Le Camuco du milieu, qui découvre, se trouve sur la ligne qui, tirée de la pointe de la Lanzada, viendrait aboutir au centre de la plage de Los Perros (île de Ons). Le canal se trouve divisé en deux par la présence de ce banc. Le plus sûr des deux est le passage entre le banc et l'îlot Sentolo ; la seule précaution, qu'on aille au N. ou au S., sera de se rapprocher à petite distance de l'îlot Sentolo. Il est nécessaire pour cela d'être avec vent largue.

L'autre passage est plus difficile, parce qu'on ne peut trouver de bons relèvements pour préciser le milieu du canal. Quand il y a grosse mer, ces deux passages sont également dangereux, à cause des brisants que l'on voit dans toute l'étendue du canal. Dans les deux canaux la profondeur de l'eau varie de 6 à 9 brasses fond de roche ;

vers l'E. de l'île, le fond est de sable vaseux avec plus de profondeur d'eau.

BAIE DE PONTEVEDRA.

Pointe Portonovo. — De la pointe Cabicastro, qui forme l'extrêmité septentrionale de la baie de Pontevedra, la côte court au N. 80° E. pendant 2/3 de mille jusqu'à celle de Portonovo, qui est haute et entourée de quelques îlots et roches sous l'eau. Entre ces deux pointes il y a une belle plage, où les navires allant dans le N. vont quelquefois mouiller pour attendre un vent plus favorable. On mouille par 8 à 10 brasses fond de sable.

A l'E. de la pointe de Portonovo commence une petite anse au fond de laquelle il y a le village du même nom, habité par des pêcheurs. Cette petite anse, qui s'interne au N., se termine à la pointe de Vicaño, près de laquelle il y a une roche sous l'eau.

De la pointe Portonovo, la côte court pendant 3/4 de mille jusqu'à celle de San Genjo et au village de ce nom qui y est tout près et habité aussi par des pêcheurs. Au S.-E. et à faible distance de San Genjo, il y a un petit îlot entouré de bancs. La côte n'est pas saine entre ces deux pointes, il n'est pas prudent d'en approcher.

Pointe de Festinanzo.

A 2 milles à l'E. de la pointe de Portonovo, se trouve celle de Festinanzo, qui est avancée dans la mer et basse et rocheuse à son extrêmité ; elle est entourée de petits îlots et de bancs qui s'étendent à une encâblure au large. Un peu avant la pointe de Festinanzo, on trouve la petite pointe de Barreras, de laquelle sort un écueil qui s'étend à 1 encâbure 1/2 au large.

Pointe Marmulos. — Bueyres de Rajo.

Depuis la pointe Festinanzo, la côte court au S. 58° E. pendant 3 milles 1/4 jusqu'à celle de Marmulos. Entre ces deux points il y a quelques plages et quelques petiles pointes peu saillantes. A 3/4 de mille au N. 65° E. de Festinanzo, se trouve la petite pointe de Rajo, et en avant d'elle quelques grosses roches qui découvrent de basse mer, mais que la pleine mer recouvre entièrement. On les nomme Bueyres de Rajo. Au S.-O. et à très-faible distance de cette pointe Marmulos, il y a un autre danger semblable aux Bueyres de Rajo. Le reste de la côte est sain, mais il ne faudra cependant pas s'en approcher à plus de deux encâblures, à cause du peu de fond qu'il y a près des pointes.

A 2/10 de mille au S. de la pointe Marmulos, se trouve l'ilot du même nom.

Ile Tamba.

A 1/2 mille au S. 25° E. de la pointe Marmulos, et à 3 milles au N. 65° E. de celle Festinanzo, se trouve le milieu de l'île Tamba. Cette île est haute, presque ronde et escarpée tout autour, excepté à l'E. où elle a une petite plage. Tous les alentours de cette île sont sains.

Pointe la Pared.—Anse de Combarro.

A 1 mille 3/10 au N. 83° E. de la pointe Marmulos, se trouve la pointe de la Pared, qui est l'extrémité N. de l'embouchure de la rivière de Pontevedra. Entre ces deux pointes on voit une grande anse s'enfonçant vers le N. et qui s'appelle de Combarro, nom d'une petite ville qui est située au fond de cette anse. Cette anse a très-peu de fond, car elle assèche presque de basse mer; sans cela se serait le meilleur abri de toute la baie de Pontevedra.

Pointe de Los Placeres.—Rivière de Pontevedra.

A 1 mille au S. de la pointe de la Pared, se trouve l'ermitage de Nuestra Señora de los Placeres, sur la pointe de los Placeres, qui est l'extrémité méridionale de l'embouchure de la rivière de Pontevedra. A l'entrée de cette rivière il y a si peu d'eau que la basse mer laisse l'entrée presque entièrement à sec. La ville de

Pontevedra est située à 2 milles de l'entrée de la rivière; pour remonter jusques-là avec des bateaux, il faut attendre, sous la pointe de Los Placeres, le commencement du flot, parce que si on entrait avec la marée haute, on n'aurait pas assez d'eau ensuite pour continuer sa route. La ville de Pontevedra est une des principales de la Galice.

Pointe de la Pesquera. — Mouillage de Marin et de Tamba.

Au S. 60° O., et à 1 mille 1/2 de la pointe de Los Placeres, se trouve la pointe de la Pesquera, qui est de roche, élevée et saine. Au tiers de sa hauteur il y a une batterie et à son sommet une Maison de Signaux. Entre ces deux pointes la côte forme une grande plage et une baie s'internant vers le S.-O. Sur la première partie de cette plage, près de Los Placeres, on voit le bourg d'Estriveta, et au fond de l'anse, sous la pointe de la Pesquera, on voit la petite ville de Marin à l'embouchure d'une petite rivière où entrent (de pleine mer) les bateaux de pêche de cette ville.

Le mouillage des petits navires se trouve même en face la ville de Marin, par 3 et 4 brasses fond de vase; en s'affourchant N. et S., ils y sont parfaitement abrités de tous les vents, quoique les vents d'O. et de S.-O. y introduisent beaucoup de mer. Cette classe de navires serait bien plus abritée à l'E. de l'île Tamba par 3 brasses avec une amarre sur l'île, mais ils n'y mouillent pas pour rester de préférence dans le voisinage d'une ville. Les grands navires, vaisseaux ou frégates, ne peuvent mouiller plus avant qu'entre la pointe Pesquera et l'île Tamba par 7 à 8 brasses fond de vase, où ils restent exposés aux vents et à la mer d'O.-S.-O.; cependant leur force n'y est pas au point de faire casser les chaînes ou câbles, ce qui laisse à ce mouillage l'avantage sur ceux de Cadoi et de Vigo.

Pointe de Candeloyro.

Depuis la pointe de la Pesquera, la côte court au S. 47°
O. pendant 2 milles 1/3 jusqu'à la pointe de Candeloyro,
qui est facile à reconnaître, étant la chute d'une montagne de hauteur moyenne dont le sommet est couronné
par un plateau. Dans l'espace entre la Pesquera et Candeloyro, on trouve plusieurs petites pointes, avec des
îlots à leur base ; entre ces pointes il y a quelques petites anses. On peut approcher sans crainte de ces îlots et
plages jusqu'à une demi-encâblure. De la pointe Candeloyro l'île Tamba reste au N. 27° E. et la pointe Cabicastro au N. 78° O., à 4 milles 1/2 de distance.

A partir de cette pointe Candeloyro commence une
grande baie qui s'interne vers le S. et se termine au cap
Udra, situé à 4 milles au S. 69° O.

Pointe San Clement.—A 1 mille au S. 22° O. de Candeloyro
se trouve la pointe de San Clement, qui est de roche
plate à son sommet et entourée d'îlots. Une plage de sable qui est en arrière et sur les deux côtés de cette pointe
la fait ressembler à une île.

Pointe Montegordo. — A 1 mille 3/4 au S. 23° O. de Candeloyro se trouve la pointe de Montegordo, qui est moins
avancée mais plus haute que la précédente. A partir de
cette pointe commence une plage nommée Arenal de
Zela, vers le milieu de laquelle il y a deux rochers qui
de loin ressemblent à deux îlots.

Pointe Laureyro. — A un petit mille au S. 50° O. de la
pointe Montegordo se trouve celle de Laureyro qui est
peu avancée en mer et où se termine la plage Arenal de
Zela. A partir de cette pointe commence une autre plage,
celle de Boeu, avec une petite rivière au fond et quelques
établissements pour saler la sardine.

Pointes de Suspiros, del Caballo. — Piedra Blanca.

A 3 milles au S. 47° O. de la pointe Candeloyro se trouve
celle de Suspiros, haute et peu saillante, et où se ter-

mine la plage de Boeu. A partir de cette pointe la côte
devient haute et escarpée, et à très-petite distance on
trouve celle del Caballo, près de laquelle on voit un îlot
nommé Piedra Blanca, entouré lui-même de quelques
roches couvertes. Entre cet îlot et la côte il y a un canal
qui laisse un passage aux bateaux de pêche.

Pointe Sentoyera. — Las Lobeyras.

A 1 mille 1/3 à l'O. de la pointe del Caballo, on trouve
celle de Sentoyera, qui est basse et avec quelques roches
dans ses environs. Entre ces deux pointes il y a une petite plage nommée Maurisca. A 3 encâblures au N.-N.-E.
de la pointe Sentoyera, il y a un banc de roche sur lequel il n'y a que 3 brasses d'eau et nommé Las Lobeyras.

Cap d'Udra.

A partir de la pointe Sentoyera la côte forme une espèce de fronton de roches et court à l'O. pendant 2/3 de
mille jusqu'au cap d'Udra, qui fait, comme on l'a déjà
dit, l'extrêmité méridionale de l'entrée de la baie de Pontevedra. Ce cap est bas vers son extrêmité, mais il
s'élève rapidement et devient une montagne de hauteur
moyenne et d'un aspect désagréable. De ce cap on relève
la pointe de Cabicastro au N. 1° O., à 3 petits milles de
distance, et l'île Tamba à 7 milles au N. 51° E.

Les deux côtes qui forment la baie de Pontevedra sont
élevées, et entrecoupées de plusieurs vallons d'un aspect
gracieux et qui sont bien cultivés.

Dans toute la baie la profondeur de l'eau varie de 5 à
à 20 brasses, fond de sable ou de vase, quelquefois de roche, aux environs du cap d'Udra et de la pointe Festinanzo.

Entrer dans la baie de Pontevedra.

La baie de Pontevedra est d'un accès facile ; il n'y a à
se prémunir que contre les quelques écueils qui ont été
signalés. On observera cependant, en temps d'hiver, de

prendre les mouillages qui ont été indiqués : en été on peut mouiller partout, excepté sur les deux fonds de roche désignés. Si on entrait avec des vents de N., il conviendrait de passer par le canal entre la pointe de Arre et l'île de Ons, en évitant avec soin les dangers indiqués. Si l'on préférait entrer par le S., il faudrait ranger l'île de Onza à la distance de 1/4 de mille afin de pouvoir entrer de la bordée dans la baie.

En venant du large, la reconnaissance de la baie de Pontevedra est facile; la montagne La Curota doit rester au N. de l'entrée, et à mesure qu'on s'approchera de terre on découvrira les îles de Ons et Onza, l'île Salbora plus au N., et les îles Cies ou Bayona plus au S. Au moyen de ces remarques, il n'y a pas de méprise possible pour l'entrée de Pontevedra.

Baie de Aldan.

Depuis le cap Udra, la côte court au S. 12° E. pendant 3 milles 1/2 haute et escarpée, et bordée d'îlots et de bancs jusqu'à la pointe de Piedra Rubia. Elle forme le côté E. de l'anse ou baie de Aldan. De cette pointe, la côte devient plus basse et plus saine jusqu'à 1/3 de mille au S., où se trouve la pointe del Con, où commence une plage abritée de tous les vents, mais qui ne peut servir qu'aux pêcheurs ou aux petits caboteurs, à cause du peu d'eau qu'on y trouve. Au fond de cette anse on voit le village de Aldan, à l'embouchure d'une petite rivière qui fournit de l'eau excellente.

A 3 encâblures au S.-O. du village de Aldan se trouve la pointe de la Testada où se termine la plage de Aldan et à partir de laquelle commence celle de Arnelos et la côte occidentale de la baie de Aldan. Sur la pointe Testada il y a quelques établissements pour la préparation de la sardine. Au pied de cette pointe il y a plusieurs îlots.

Le meilleur mouillage pour les grands navires est en face cette plage de Arnelos, par 7 à 8 brasses fond de

sable, en laissant au N. un banc nommé Bouteye, sur
lequel il n'y a qu'une brasse de fond. Ce banc est situé
au N. 18° O. de la pointe Testada, au N. 60° O. de celle
del Con, et au S. 45" E. de celle Area Brava.

Pointe Area Brava.—A un mille au N. 33° O. de la pointe
Testada, se trouve celle de Area Brava, qui est escarpée
et de hauteur moyenne. A 2 encâblures au N. 47° E. de
cette pointe, il y a quelques grandes roches qui couvrent
de pleine mer, excepté une seule qui est toujours dé-
couverte et qu'on nomme Curbeyro.

Pointe del Couso.—A 1 mille 1/3 au N. 35° O. de la pointe
Area Brava, se trouve la pointe del Couso, qui forme
l'extrêmité O. de la baie d'Aldan, qui est de moyenne
hauteur et escarpée. Il y a au N. et à 4 encâblures de
cette pointe, un bas-fonds sur lequel il n'y a que 4
brasses d'eau; il est expressément recommandé de
passer au large quand il y aura grosse mer. De cette
pointe, celle d'Udra reste au N. 21° E., à deux petits milles
de distance.

A 4/10 de mille à l'E. 1/4 S.-E. de la pointe de Couso,
se trouve un bas-fonds sur lequel il n'y a qu'une brasse
1/2 d'eau de basse mer.

La baie de Aldan peut recevoir toute sorte de navires;
le milieu en est sain, avec une bonne profondeur d'eau
et fond de sable. A l'entrée de la baie il y a de 18 à 20
brasses d'eau, et ce fond va en diminuant à mesure
qu'on s'enfonce davantage.

Le meilleur mouillage, comme on l'a dit, est en face la
plage de Arnelo, en s'affourchant N.-E., S.-O., à cause du
vent de N.-O. qui y est très-violent et qui y pousse une
grosse mer malgré les îles Ons et Onza qui en couvrent
en partie l'entrée.

Entrer dans la baie de Aldan.

Pour entrer dans la baie de Aldan comme pour en
sortir, il est indispensable d'avoir vent largue, surtout

avec un grand navire, car la côte n'étant pas saine, on s'exposerait beaucoup en louvoyant; de plus, le passage entre Area Brava et Piedra Rubia devient si étroit, qu'il est impossible d'y louvoyer. Le seul moyen d'entrer dans cette baie avec vent contraire, est de laisser tomber l'ancre à la fin de la bordée et de gagner ensuite le mouillage en se touant.

Avec des vents largues il faudra suivre à peu près le milieu du canal, en gouvernant sur la pointe de Con, laissant ainsi le banc Bouteye par tribord, et aussitôt qu'on l'aura dépassé, on gouvernera sur la plage Arnelo, où on mouillera à 2 encâblures de ladite plage en s'affourchant au N.-E. et S.-O. comme cela a été dit. Il est aussi nécessaire de se rappeler que la côte O. est hérissée de bas-fonds.

Pointe et ilots Osas.

De la pointe del Couso, la côte forme un front d'un 1/2 mille d'étendue de falaises escarpées, se dirigeant au S. 45° O. et dont l'extrémité occidentale se nomme pointe de Osas. A une encâblure 1/2 à l'O. de cette pointe, on trouve quelques îlots qui découvrent toujours et qui sont entourés de bancs, surtout du côté de la terre; on les nomme îlots de Osas.

De la pointe Osas, la côte court haute et escarpée pendant 3 milles 1/2 au S. 12° O. jusqu'au cap del Hombre. Entre ces deux pointes, on voit une vigie sur le sommet d'une montagne nommée Alto del Facho. Toute cette côte est saine jusqu'à très-faible distance de terre, où l'on trouve çà et là quelques petits rochers.

A 4/10 de mille au S. 64° E. du cap del Hombre, on trouve la pointe Subrido; ces deux pointes sont de hauteur moyenne et entre les deux il y a une petite plage. Le cap del Hombre forme l'extrémité septentrionale de la baie de Vigo.

ILES CIES OU BAYONA.

Les îles Cies ou Bayona sont au nombre de deux, ayant leur direction à peu près N. et S., sur une étendue de près de 4 milles. Ces îles sont inhabitées, hautes, accidentées à leur sommet, très-escarpées à l'O. et un peu moins du côté opposé ; elles sont hérissées de bas-fonds tout le long de la côte O., à distance d'une encâblure ; la partie E. est plus saine et on y voit deux peti-tes plages. La plus grande de ces îles est celle du N., qui a une longueur de 2 milles 1/2. A environ les 2/3 de sa longueur du N. au S., il y a une plage de sable très-basse qui, de loin, fait croire à l'existence d'un passage divi-sant cette île en deux. Dans les coups de vent la mer passe par dessus cette plage et traverse quelquefois d'un bord à l'autre.

Passage la Porta.—Pointe del Caballo.—Passage du Nord.

Le passage que laissent entr'elles les deux îles Bayona est nommé la Porta et a une largeur de 1/3 de mille sur un fond variant de 6 à 12 brasses. Les deux côtes qui forment ce passage sont très-hautes et escarpées, et de chacun de ces côtés s'échappent des bas-fonds se dirigeant vers l'O. et allant rejoindre ceux qui longent ces îles du N. au S. et dont il a été parlé. La pointe N. du passage se nomme del Faro, celle S. se nomme de Laja de Galera. L'extrémité septentrionale de la plus grande des îles Bayona se nomme pointe del Caballo, et se trouve à 2 milles 1/2 à l'O. de celle de Subrido. Le canal formé par ces deux pointes se nomme passage du N.

Banc Roncosa. — A 1/4 de mille au N. O. de la pointe del Caballo se trouve le banc Roncosa, qui a une assez grande étendue et qui découvre de basse mer. Entre ce banc et la pointe del Caballo, il reste un canal avec un fond de 8 à 10 brasses. Du sommet de ce banc on relè-vera l'îlot del Caballo de Cabreyra (à l'O. de la grande île) par le pied de la montagne del Faro ; et le mont Sierra

Mayor un peu ouvert par le cap del Hombre, le mont restant au S. Le mont Sierra Mayor est une montagne sur la côte S. de la baie, un peu dans les terres ; elle est haute, ronde et aplatie au sommet.

Banc Biduido. — A 1 grand mille au N. 37° O. de la pointe del Caballo, il y a un autre bas-fonds qu'on nomme Biduido, sur lequel la basse mer ne laisse que 2 brasses 1/2 d'eau. Ce banc est taillé à pic dans sa partie N., et dans sa partie S. il y a 6 à 7 brasses de fond, qui augmente rapidement jusqu'à 14 brasses entre ce banc et celui de Roncosa. Dans cet intervalle il y a quelques roches isolées sur lesquelles il n'y a que 3 à 4 brasses d'eau. Du banc Biduido on relève l'îlot Boeiro par le pied du mont Faro et la pointe del Caballo au S. 27° E. corrigé.

Ilot Boeiro. — A 1 mille au S. 50° O. de l'extrémité méridionale des îles Cies, nommée cap Bicos, se trouve l'îlot Boeiro, qui est plus petit que la coque d'un navire, et qui est si peu élevé, qu'il est entièrement couvert quand la mer est forte. Il est entouré de rochers plus petits et de quelques bancs se dirigeant vers l'O. et sur lesquels il y a de 4 à 5 brasses d'eau. Entre cet îlot et l'île il y en a un autre plus petit nommé Forcado avec des brisants à ses alentours ; néanmoins, avec la pratique de ces parages, on peut, dans un cas forcé, passer dans le canal entre l'île et Boeiro.

Bas-fonds Los Castros. — A 2/3 de mille au S.-S.-O. de l'îlot Boeiro se trouve le bas-fonds Los Castros, dont le moindre fond est de 4 brasses et qui brise partout lorsqu'il y a grosse mer.

Banc Corromeyro. — A 2 encâblures au N.-E du cap Bicos se trouve le bas-fonds de Corromeyro sur lequel il n'y a que trois brasses d'eau.

Pointe Herrero. — Dans la partie N.-E. de la grande île Cies se trouve la pointe del Herrero, de laquelle sort une batture de roches qui se prolonge à 2 encâblures 1/2 au N.-E., et à son extrêmité se trouve la roche Cantareyra.

Cap Bicos — Le cap Bicos est l'extrêmité méridionale (un peu au S.-E.) des îles Cies. De ce cap on relève le cap Silleyro, à 5 milles au S. 2° O. et le sommet de la montagne Ferro au S. 30° E.

Phare des îles Cies.

Sur le sommet du mont Faro, au S. de la grande île Cie, on a établi un phare lenticulaire de 2e classe. C'est un feu tournant à éclipses de 2' en 2', il est élevé de 170 mètres et visible à 30 milles environ.

Latit. 42° 12' 23" N. Long. 11° 13' 44" O. (Paris).

BAIE DE VIGO.

(*Voir son plan.*)

A 2 milles au N. 79° E. de la pointe Subrido (qui est l'extrêmité N. de la baie de Vigo), se trouve la pointe de Castros, qui est de moyenne hauteur et se prolonge sous l'eau à une faible distance au S. Entre les pointes Subido et Castros, la côte forme une baie s'internant dans le N. avec plage au fond. En face cette plage il y a un mouillage par 10 à 12 brasses, où viennent quelquefois mouiller des navires allant dans le N., pour y attendre un vent favorable. Il y a également un mouillage par 12 brasses fond de sable à l'E. de la grande île Bayona, en face la plage de sable qui paraît diviser cette île en deux parties.

Pointe Borneyra et banc de la Borneyra.

A 3 grands milles au N. 88° E. de la pointe Subrido, on trouve celle de Borneyra, qui est basse et saillante en mer; à petite distance au N. la côte commence à s'élever.

Au pied de cette pointe au S. il y a une batture de roches à l'extrêmité de laquelle on voit un îlot gros comme un canot et nommé Borneyron. Tout près de cet îlot il y a 3 brasses de fond, mais à 2/3 d'encâblure vers le S. on trouve un bas-fonds nommé El Bajo de Tierra, pour le

distinguer du banc la Borneyra, qui se trouve plus au S. à
une encâblure et demie. Il y a si peu d'eau sur ce banc,
que de basse mer il laisse voir une roche de la grosseur
d'une bouée. Entre ces deux bancs on trouve 2 brasses
1/2 d'eau. De l'extrêmité S. du banc la Borneyra, on relève l'îlot Borneyron par une maison située sur le point
le plus élevé de la pointe Borneyra, et la partie escarpée
de la pointe Subrido par la pointe del Caballo (extrêmité
N. des îles Cies).

Bas-fonds Zalgueyron.—En dehors et au S.-E. de la Borneyra, il y a une roche nommée Zalgueyron, mais sur
laquelle la basse mer laisse encore 3 brasses d'eau.

Pointe Rodeyra.—Anse de Cangas.

Après la pointe Borneyra commence l'anse de Cangas,
au fond de laquelle, près d'une plage et d'une petite rivière, se trouve la ville de ce nom; cette anse se termine
à la pointe Rodeyro qui est à 1 mille 1/2 au N. 60° E. de
la précédente. La pointe Rodeyro est entourée de roches
et de bas-fonds qui s'étendent à une petite distance. A
l'E. et tout près de cette pointe on trouve une petite île
nommée Ratas, entourée de roches et de bancs.

Pointe de Con.—Roches Pego —Pointe Ruas.

A un petit mille au N. 57° E. de la pointe Rodeyro, se
trouve celle de Con. Entre ces deux pointes la côte est
escarpée et hérissée de roches; la plus saillante vers le
S. se nomme El Pego.

A la pointe de Con commence une anse avec une
grande plage qui se termine à un escarpement noirâtre
sur lequel est une chapelle dédiée à St-Bartholome. De
cet endroit la côte continue toute de roches jusqu'à la
pointe de Ruas qui est haute, escarpée et saine. Au pied
de cette pointe il y a une petite île.

Pointe Domajo.—Pointe de Bestias.

Depuis la pointe Ruas la côte continue escarpée et

formant légèrement baie jusqu'à la pointe Domajo, située à 1 mille au N. 78° E. de la dernière. Près de cette pointe, qui est haute et escarpée, on remarque un petit îlot.

De ce point la côte suit au N.-N.-E. toujours escarpée jusqu'à la pointe de Bestias, située à 1 mille 1/4 au N. 60° E. de la précédente.

Entre ces deux pointes il y a une plage un peu en arrière de laquelle on voit un hameau nommé Santa Maria.

La pointe Bestias forme, avec la pointe Randa que l'on voit sur la côte S., la partie la plus étroite de la baie de Vigo. Ces deux pointes sont l'une à l'autre N.-N.-E. et S.-S.-O. Elles sont escarpées et très-saines; la distance entre les deux est de 1/3 de mille; et au milieu de ce canal il y a 17 à 18 brasses d'eau. Sur chacune de ces pointes on voit un château ruiné.

Les deux pointes Bestias et Randa forment l'entrée d'une grande baie d'une profondeur de 3 grands milles vers le N., mais dans laquelle il y a très-peu d'eau, car la moitié de sa partie N. reste presque à sec de basse mer.

Au fond de la baie il y a la rivière et la petite ville de San Payo. Au fond de sa partie S.-E. se trouve la petite ville de Redondela, à l'embouchure d'une rivière du même nom, et où il ne peut entrer que des canots.

Ile San Simon. — Mouillage.

A 2 milles au N. 54° E. de la pointe Bestias se trouve l'île de San Simon, qui est de hauteur moyenne et qui a deux îlots à ses extrémités. Cette île est située à petite distance de la côte E., d'où s'élève une montagne haute et pointue au sommet de laquelle il y a une chapelle dédiée à Nuestra Señora de la Peneda. A un grand mille à l'E. des pointes Bestias et Randas, il y a un bon mouillage pour toute sorte de navires, par un fond de vase variant de 6 à 15 brasses; on y est abrité de tous les vents. Les navires manquant de câbles ou d'ancres pourront aller s'échouer dans le fond de cette baie, par un fond de vase molle d'où en s'allégeant un peu ils pourront se retirer sans aucune avarie.

Anse de Teis. — Mouillage.

Depuis la pointe Randa, la côte S. de la baie de Vigo suit saine et escarpée pendant 2 milles au S.-O. jusqu'au village de Teis où la côte forme une petite anse qui offre un bon mouillage. On mouille par 6 brasses avec une ancre au N. et une amarre à terre ; on y est ainsi mieux abrité qu'à Vigo, et en sûreté par tous les temps.

L'anse de Teis se termine à une haute montagne qui fait saillie d'un tiers de mille en mer, en direction du N.-O., et dont l'extrêmité se nomme pointe del Cabron. Cette montagne est haute, ronde et de couleur rougeâtre ; elle a à son sommet une chapelle dédiée à Nuestra Señora de la Guia. Du N.-E. de cette montagne, un banc de sable sur lequel il y a peu d'eau s'étend à plus d'une encâblure au large ; et à très-petite distance de sa partie N.-O. il y a un îlot élevé, dont on peut approcher sans danger.

Phare, ville et mouillage de Vigo.

Sur ladite montagne de Nuestra Señora de la Guia, à 1 mille 1/2 au N.-E. de Vigo, on a établi un fanal de port, à feu fixe, et varié par des éclats de 3' en 3', dont la portée est de 7 milles. La portée totale du feu est à 12 milles.

Lat. 42° 15' 16" N. ; long. 11° 0' 25" O. (de Paris.)

A 1 mille 1/2 au S. 44° O. du sommet de Nuestra Señora de la Guia, se trouve la ville de Vigo. Entre ces deux points la côte forme une baie où l'on voit une plage très-saine, en face de laquelle est le mouillage ordinaire de Vigo. On y est par 8 à 10 brasses fond de vase. En s'affourchant N.-N.-O. et S.-S.-E. avec la meilleure ancre au N.-N.-O., on y est très-bien par l'abri qu'offrent les îles Cies contre les vents et la mer d'O. et de S.-O.

12

La ville de Vigo est bâtie sur un terrain qui s'étend en amphithéâtre jusqu'au bord de la mer. Près du rivage il y a la batterie de St-André par 42° 14' 50'' latit. N. et 10° 58' 22'' long. O. (Paris.) Derrière la ville, au S. et sur le sommet d'un plateau élevé qui se voit de toute la baie, il y a un fort qui protége la ville et qui se nomme château de Castro. Entre l'abattoir de Saint-André et la pointe qui forme la chute du mont Castro, la côte forme un enfoncement avec une plage très-saine nommée de San Francisco, et sur toute la ligne de cette plage s'étend la ville de Vigo. Ce port est fréquenté par beaucoup de caboteurs et par quelques navires faisant le commerce avec l'Amérique.

Pour éviter la perte d'une ancre, il est bon de faire remarquer qu'au N. 46° O. de la batterie Saint-André et au milieu entre ce point et la roche El Pego, il y a au fond la coque d'un navire submergé par un fond de 16 brasses.

Pointe de Bouzas. — Cap de Mar.

Au S. 57° O., à un grand mille de la pointe del Castro, se trouvent le village et la pointe de Bouzas, qui est basse, rocheuse, et autour de laquelle il y a plusieurs îlots et une batture de roches qui s'étend à 2 encâblures au N.-O. avec une à deux brases de fond. Entre ces deux pointes la côte forme plage avec une petite pointe de roche au milieu nommée de Coya.

Depuis la pointe de Bouzas la côte suit à peu près à l'O.-S.-O. jusqu'au cap de Mar, situé à 1 mille de cette pointe et à 3 milles au S. 60° O. du sommet de Nuestra Señora de la Guia. Ce cap est avancé en mer, bas et couleur de sable. Du pied de ce cap part un bas-fonds de roches qui s'étend à 2 encâblures au N.-O. et dont partie découvre de basse mer, et sur l'étendue duquel la lame brise de pleine mer, même avec très-peu de houle. Au milieu de ce banc il y a un petit canal avec deux ou trois brasses fond de roche.

Cap Estaya.

A 2 milles 3/4 au S. 42° O. du cap de Mar, se trouve le cap d'Estaya, qui est haut, escarpé et de couleur noire, et du pied duquel part une batture de roches s'étendant à 2 encâblures au N.-O. Entre cette pointe et la précédente, la côte présente deux plages : celle de Lagares, de la rivière de ce nom, qui se termine à une petite pointe de rochers noirs nommée pointe de Foz, et celle de Toralla, d'un petit village de ce nom ; du milieu de cette dernière plage s'avance une petite pointe de roches d'où se détache l'île de Toralla faite de roches de même hauteur, ce qui la fait confondre aisément avec la côte. L'île de Toralla est entourée de bancs s'étendant à une distance de 2 à 4 encâblures.

Mont Ferro. — Cap Sentaulo.

A 2 milles 3/4 au S. 39° O. du cap Estaya, se trouve l'extrémité N.-O. du mont Ferro, dont le versant O. prend le nom de cap Sentaulo. Entre le cap Estaya et le mont Ferro la côte forme une baie hérissée de bas-fonds et nommée de Carreyra.

Le mont Ferro est gros, rond et de couleur rougeâtre, avec une maison de vigie à son sommet. Son versant méridional forme la côte N. du port de Bayoña.

Iles Estela de Tierra et Estela de Mar.

Au S. 47° O. de la maison de vigie du mont Ferro, et à peu de distance du cap Sentaulo, se trouve une île de hauteur et de grandeur moyennes, appelée Estela de Tierra. Entre cette île et le cap il y a une quantité de bancs qui laissent à peine un petit passage par 4 à 6 brasses de fond, et dont on ne doit user que dans un cas d'absolue nécessité ; on gouvernera dans ce cas de manière à passer à 1/3 d'encâblure de l'île Estela de Tierra.

A peu de distance à l'O. de l'île Estela de Tierra, on en trouve une autre de même dimension et qu'on nomme Estela de la Mar. Un banc de roche qui joint ces deux îles n'y laisse qu'une brasse 1/2 à 2 brasses de fond. De l'extrémité O. de cette dernière part une batture de roches qui a 3 encâblures d'étendue et qui se nomme banc de Laxe. Ce banc découvre entièrement de basse mer, et au N. et au S., il est tellement accore qu'à une 1/2 encâblure ou trouve 6 brasses d'eau. Il n'en est pas de même dans sa partie O. et S.-O., car lorsque la mer est grosse, elle brise de ce côté à une distance de deux encâblures. Ces îles et ces écueils forment l'extrémité méridionale de la côte S. de la baie de Vigo et l'extrémité septentrionale de l'entrée de Bayona.

La baie de Vigo est bordée de hautes montagnes d'un aspect agréable, par la culture variée des nombreux vallons qui les coupent. Sur la côte S. de cette baie, on voit une montagne pointue au sommet de laquelle il y a une grande chapelle dédiée à Nuestra Señora del Alba. Cette chapelle est très-importante comme point de remarque pour entrer à Bayona ou dans la baie de Vigo. Elle est située à 7 milles au S. 79° E. du cap Bicos (extrémité S.-E. des îles Cies), à 7 milles 2/10 au S. 53° E. de la pointe Subrido et à 5 milles 2/10 au S. 17° O. du sommet de Nuestra Señora de la Guia (phare de Vigo).

Reconnaissance de la baie de Vigo.

En venant du large, on reconnaîtra facilement la baie de Vigo, si on est près de terre, par les îles Ons et Bayona qui serviront de reconnaissance; si on est trop éloigné pour distinguer ces îles qui se confondent alors avec la terre ferme, la montagne la Curota qu'on apercevrá au N. et le mont de Nuestra Señora del Alba au S. feront reconnaître l'entrée de la baie. De plus, à partir du cap Silleyro, en allant vers le S., toutes les terres sont hautes jusqu'à l'entrée du Minho , et ne laissent voir aucune anse ou coupure qui puisse être prise pour l'entrée d'une baie.

Entrer dans la baie de Vigo par la passe du Nord.

D'après ce qui a été dit, si on voulait entrer dans la baie de Vigo par le passage du N., qui est le meilleur quand les vents sont de la partie N., on devra rallier la côte S. de l'île Onza à la distance de 1 à 3 milles (pas plus de 3 milles pour ne pas tomber sur le banc de Biduido) et gouverner à l'E. jusqu'à ce que la pointe Subrido cache entièrement le mont Nuestra Señora del Alba et qu'on découvre bien le mont Ferro par la partie E. des îles Cies; on n'aura alors plus rien à craindre du banc Biduido, et on gouvernera directement sur le passage en ayant soin de ne pas s'approcher à moins d'une encâblure tant du cap del Hombre que de la côte des îles Cies. Après avoir dépassé la pointe Subrido, on gouvernera sur le cap de Mar jusqu'à arriver à mi-canal; on gouvernera alors en dépendant sur la ville de Vigo , en ayant l'attention de ne jamais fermer la pointe Subrido par celle del Caballo, tant qu'on n'aura découvert l'église de Cangas ; on aura alors paré le banc Borneyra, et on pourra fermer les deux pointes dont on vient de parler.

Si, par suite d'un changement de vent, on ne pouvait pas suivre la route qui vient d'être indiquée, il faudrait avoir soin de ne pas s'approcher d'aucune pointe à cause des bancs que toutes projettent sous l'eau. De plus, tant qu'on n'aura pas découvert l'église de Cangas, on devra sonder constamment et virer de bord dès qu'on ne trouvera plus que 8 brasses de fond sur l'une ou l'autre côte. On gagnera ainsi le mouillage de Vigo, où l'on s'amarrera de la manière qui a été indiquée. Tout le reste de la baie, à l'exception du voisinage des pointes, est sain et avec fond de sable et vase, variant de 15 à 25 brasses.

Entrer à Vigo par le passage du Sud.

Pour entrer par la passe du S., il faudrait avant d'arriver entre le cap Bicos et le cap Silleyro, aligner le cap de Mar (reconnaissable par sa couleur de sable) par la chapelle de Nuestra Señora de la Guia. A défaut de cette marque, il faudra apercevoir le mont Nuestra Señora de la Peñada (situé au fond de la baie), entièrement détaché, c'est-à-dire qu'aucune des deux côtes ne morde sur lui. Ces marques conduiront au milieu du passage par 30 à 35 brasses. On suivra cette route jusqu'à se trouver N. et S. avec le mont Ferro. On gouvernera alors un peu plus vers le N., de manière à passer entre le cap de Mar et le banc Burneyro, en observant les précautions indiquées plus haut, et de là on se dirigera sur le mouillage. Si des vents contraires obligeaient à louvoyer, il faudra avoir la plus grande attention à ne pas s'approcher trop du banc de Laje à tribord et des îlots Boeyro à babord. Ces deux points sont les plus dangereux de la baie. Avec un gros navire, on devra aussi avoir attention à la roche Los Castros, sur laquelle il n'y a que 4 brasses d'eau. Partout ailleurs on pourra prolonger sa bordée jusqu'à distance raisonnable de la terre.

Entrer par la Porta.

Si on était tellement affalé sur les îles Cies qu'on soit obligé de passer par la Porta, il faudrait aligner l'extrémité septentrionale de l'île du S. par l'ermitage de Nuestra Señora del Alba, et suivre cet alignement jusqu'à se trouver au milieu du passage ; on évitera ainsi les bancs que projettent à l'O. et au N.-O. les îles Cies ou Bayona. On passera à distance égale des deux îles, et une fois sorti du canal on se dirigera sur le mouillage en suivant les indications données plus haut.

On trouve dans la baie de Vigo de l'eau excellente, mais très-difficilement des vivres et du bois de chauffage.

La pleine mer, dans les temps de syzygie, est à 3 heures. L'élévation de l'eau est de 4 mètres 1/2 dans les marées vives et de 3 mètres dans les mortes eaux. La direction du flux et du reflux est E.-S.-E. et O.-N.-O., et le
courant y a très-peu de rapidité : un mille à l'heure dans
les marées vives et un demi-mille dans les autres.

Port de Bayona.

Le port de Bayona est petit et ne peut servir d'abri
qu'à des navires d'une faible calaison, 3 mètres 1/3 au
plus. Le mouillage est au S.-E. de la pointe Tenaza. Cette
pointe est formée par l'extrémité N. du mont Real, montagne qui sort de la côte S. de la baie de Vigo et se prolonge vers le N. en formant un petit isthme escarpé de
hauteur moyenne, et sur lequel on aperçoit les murailles
d'un grand château. La ville de Bayona est bâtie au
pied du mont Real, et on ne peut l'apercevoir que lorsqu'on est dans le port. On laissera tomber l'ancre par 4
brasses vase, au S.-O. corrigé de la grande église, au
moment où on alignera l'îlot Boeyro par la pointe de la
Tenaza , à peu près à 2 encâblures de la ville. La pointe
Tenaza est située à 1 mille 1/2 au S. 16° O. de la maison
de vigie du mont Ferro, et à 4 milles au S. 26° E. du cap
Bicos ; son extrémité se prolonge sous l'eau à plus d'une
encâblure au N.-O. Bien qu'il soit très-utile d'avoir un
pilote pour entrer dans le port de Bayona , on pourrait
sans trop de risques en tenter l'entrée en observant bien
les marques des bas-fonds ci-après :

Du pied du fort du mont Real, et à une grande encâblure de distance, il se trouve deux roches situées à l'E.
et au S.-E. du mât de pavillon, et sur lesquelles la basse
mer ne laisse qu'une brasse d'eau. La plus en dehors se
trouve dans l'alignement du pic du N. des îles Cies par
le plus haut et O. de l'île Estela de Tierra, et le mât de
pavillon du mont Real par la pointe qui sort de l'angle

dans lequel est situé ce mât. La seconde roche, plus en dedans du port, se trouve dans l'alignement du même pic par le même point de la Estela de Tierra, et par l'alignement de l'ermitage de Santa Livrada (à une encâblure au N.-O. de la grande église), avec l'angle le plus S. de la dernière batterie du mont Real. Pour éviter ces roches, en entrant ou en sortant, il faudra aligner l'extrêmité S. du cap Bicos avec l'extrêmité la plus au large de l'île Estela de Tierra, et suivre cet alignement : en entrant, jusqu'à ce que le dernier bâtiment (couvent de Religieuses) du village del Arenal se trouve bien découvert par la dernière batterie du mont Real; et en sortant, jusqu'à ce qu'on découvre les îlots du cap Silleyro.

Il y a un autre bas-fonds qui se détache au S.-O. de la pointe del Castro (au versant S. du mont Ferro) et sur lequel il y a aussi peu d'eau que sur les deux premiers; il se trouve en mordant le cap Bicos par la pointe du mont Ferro, et en alignant le point le plus élevé du mont qui forme le cap Silleyro avec la verticale de la pointe Tenaza. Pour éviter ce bas-fonds, il suffit de n'approcher de la pointe del Castro que jusqu'au point où on alignera le cap Bicos par le canal entre l'île Estela de Tierra et le mont Ferro.

Cap Silleyro.

A **2** grands milles au S. 63° O. de la pointe Tenaza, se trouve le cap Silleyro. Toute la côte intermédiaire est haute et escarpée, et peu saine dans ses approches. Ce cap est haut, anguleux et de couleur de roche; de sa chute N.-O. part une pointe très-basse qui se prolonge sous l'eau dans la même direction jusqu'à 1 demi-mille, et qui découvre en partie de basse mer; le restant brise sur toute son étendue.

Pointe Montador ou Pointe Orulluda.

A partir des brisants du cap Silleyro, la côte court au

S. 5° E. pendant 4 milles jusqu'à la pointe Montador qui est peu saillante en mer, et auprès de laquelle il y a deux petits îlots. Au S. de cette pointe il y a une petite rivière et le petit village de Oyo.

Mont et village de la Guardia.

Depuis la pointe Montador, la côte suit toujours au S. pendant 4 milles jusqu'au mont de la Guardia qui est haut, mais d'une reconnaissance assez difficile parce qu'il se confond avec une chaîne de montagnes qui part du cap Silleyro et se prolonge jusqu'à celui-ci. Les montagnes qui forment cette chaine sont élevées, escarpées, et presque toutes de même niveau. Tout le long de cette côte il y a des îlots à petite distance de terre. Au pied de la montagne de la Guardia il y a le petit village du même nom avec une petite crique où les pêcheurs vont se réfugier.

Montagne Santa Tecla.

Depuis le mont de la Guardia, la côte court au S.-S.-E. plus basse que la précédente, jusqu'à environ 2 milles où se trouve une autre montagne qui a la forme d'un pain de sucre et dont le sommet forme deux pics ; sur le plus haut de ces deux pics se trouve l'ermitage de Santa Tecla dont la montagne prend le nom. Vue du large, cette montagne se présente isolée, avec une haute tour sur sa partie septentrioaale, ce qui en fait une bonne reconnaissance de l'entrée de la rivière Minho, dont elle forme la côte septentrionale.

A 2/3 de mille au S.-E. du mont Santa Tecla, se trouve la pointe Caminha, qui est basse et forme l'extrêmité S. de l'entrée du Minho. Le Minho est navigable, mais l'entrée en est dangereuse à cause d'une petite île basse qui la divise en deux parties. Le passage du S. est le plus large et celui qu'on choisit de préférence pour entrer dans le fleuve. Il y a 3 mètres d'eau à l'entrée pendant la pleine mer. Sur la rive S. on voit le village de Caminha qui appartient au Portugal. Il est indispensable de prendre un pilote pour entrer dans ce fleuve.

Le Minho étant la limite qui sépare le royaume d'Espagne de celui de Portugal, là s'arrête la description des côtes septentrionales d'Espagne.

FIN.

TABLE DES MATIÈRES.

Bayonne. — Imprimerie de veuve Lamaignère, rue Pont-Mayou, 39.

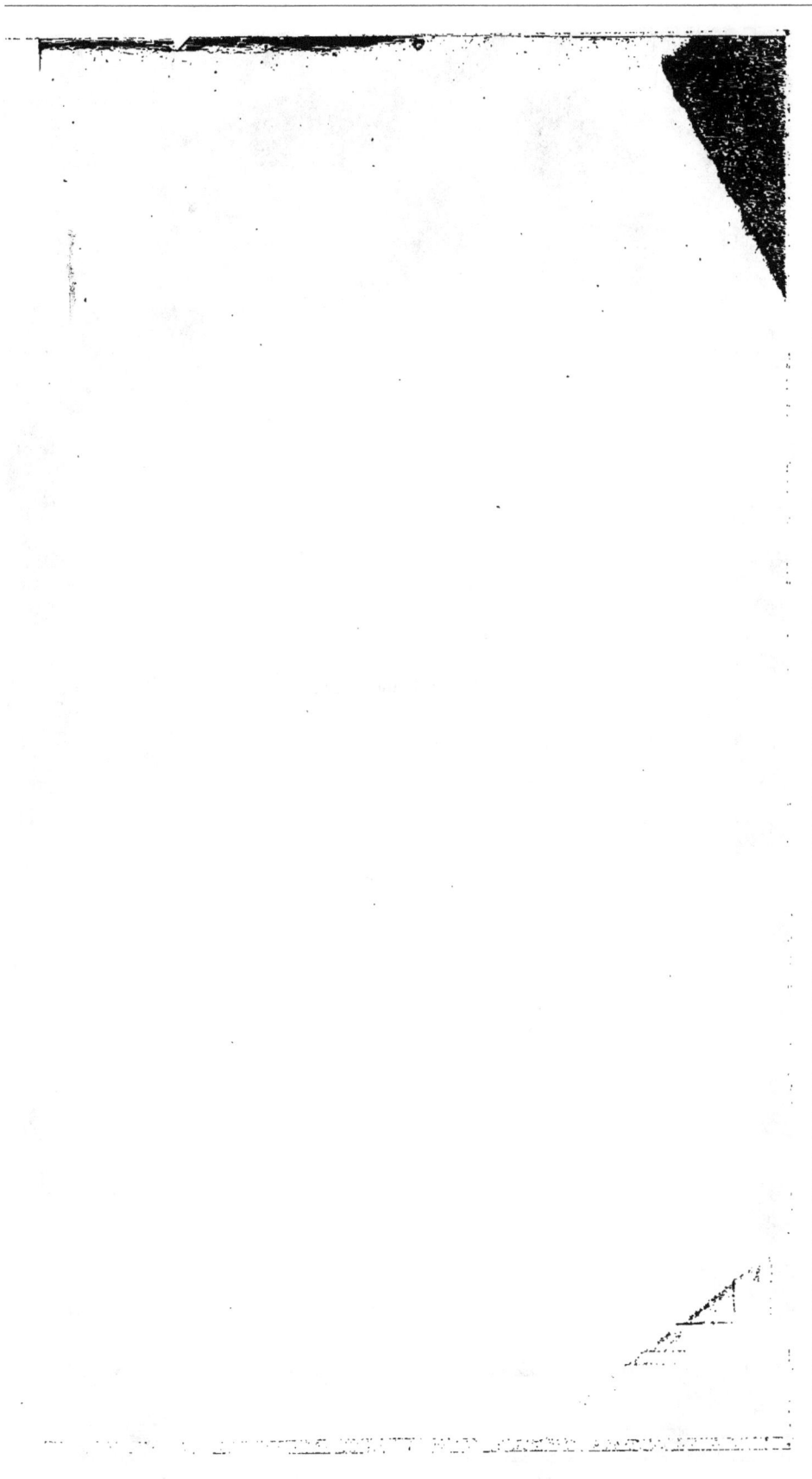

SE TROUVE

A PARIS, CHEZ ROBIQUET,

Libraire-Hydrographe,

Et dans les ports chez tous les libraires de la Marine.

www.ingramcontent.com/pod-product-compliance
Lightning Source LLC
Chambersburg PA
CBHW060550210326
41519CB00014B/3427